Guten Content schreiben

Beatrice Eiring

Guten Content schreiben

So produzieren Sie Mehrwert-Content, der gelesen wird und wirkt

Springer Gabler

Beatrice Eiring
eology GmbH
Volkach, Deutschland

ISBN 978-3-658-33656-1 ISBN 978-3-658-33657-8 (eBook)
https://doi.org/10.1007/978-3-658-33657-8

Die Deutsche Nationalbibliothek verzeichnet diese Publikation in der Deutschen Nationalbibliografie; detaillierte bibliografische Daten sind im Internet über http://dnb.d-nb.de abrufbar.

Planung/Lektorat: Rolf-Guenther Hobbeling
Springer Gabler ist ein Imprint der eingetragenen Gesellschaft Springer Fachmedien Wiesbaden GmbH und ist ein Teil von Springer Nature.
Die Anschrift der Gesellschaft ist: Abraham-Lincoln-Str. 46, 65189 Wiesbaden, Germany

Vorwort

In diesem Buch geht es um Content. Aber was ist das überhaupt? Als Sprachwissenschaftlerin möchte man von Berufswegen schon jedes Wort in Bezug auf seine Bedeutung beleuchten. *Content* ist ein Anglizismus, aus dem Englischen übernommen. Ein Fachterminus des Online Marketings. Aber warum muss es denn ein Anglizismus sein und kein deutsches Wort, wie zum Beispiel *Inhalt? Inhalt* ist in seiner Bedeutung zu allgemein, was deutlich wird, wenn wir uns eine mögliche Definition des Wortes *Content* ansehen. Auf dem Portal gruenderszene.de steht hierzu:

„Der Begriff „Content" ist Bestandteil des englischen Wortschatzes und hat sich seit Beginn des World Wide Webs fest in den deutschen Sprachgebrauch integriert. Übersetzt bedeutet „Content" so viel wie „Inhalt", wobei hierbei der Inhalt einer beliebigen Webseite gemeint ist. Mit unter das Dach Content fallen also die Texte, aber auch Bilder, Videos oder sonstige Inhalte einer Webseite." Etwas weiter gefasst, fallen unter den Begriff auch noch andere digitale Inhalte, zum Beispiel für Newsletter oder Social Media. Auch E-Books und Whitepaper sind Content. (Gründerszene, 2019).

Und der BVDW, der Bundesverband Digitale Wirtschaft e. V., definiert in seinem Glossar:

„Content beschreibt Medieninhalte, die über Massenmedien im Allgemeinen und über neue Medien im Speziellen verbreitet werden. Durch Digitalisierung können Medieninhalte in den unterschiedlichsten Formen vorliegen: als Text-, Bild-, Audio- oder Videodaten. Der Medieninhalt wird unter den Bedingungen des Internets zu einer Ware, die unabhängig von der Sonderheit des Mediums produziert wird und auf unterschiedliche Benutzergruppen zugeschnitten und auf Websites platziert werden kann." (BVDW, o. J. a.).

Content ist also in seinem Bedeutungsumfang deutlich spezifischer als das deutsche *Inhalt.* Reden Fachleute von *Content* weiß jeder zweifelsfrei, was gemeint ist – und das braucht die Fachsprache:

> „Um […] einen möglichst hohen Grad an Eindeutigkeit zu erreichen und die Wahrscheinlichkeit von Missverständnissen zu minimieren, wird […] eine Fachsprache verwendet, die sich vor allem durch ihre spezielle Fachterminologie von der Alltagssprache unterscheidet. Solche Fachtermini sind Begriffe, deren Bedeutungen durch möglichst exakte Definitionen festgelegt werden, die die möglichst eindeutige Verständigung […] ermöglichen." (Karall & Weikert, 2010)

Warum stelle ich nun eine solche Bedeutungsanalyse an den Anfang dieses Buches? Warum hat das Wort *Content* so viel Aufmerksamkeit verdient? Es ist doch nur ein Fachterminus! Zum einen, damit Sie als Leser dieses Buch zweifelsfrei wissen, über was wir sprechen. Damit auch Sie zum Fachmann werden und mitreden können. Denn das will dieses Buch: Sie anleiten, Mehrwert-Content selbst zu erstellen, und Sie dazu zu befähigen, zum Content-Experten zu werden. Zum anderen, um die Bedeutung von Content unmissverständlich klarzustellen. Nicht die Bedeutung des Wortes *Content*, sondern den Stellenwert von Content für die Online-Welt. Er ist ein wesentlicher Baustein, wenn Sie online erfolgreich sein wollen. Denn er entscheidet darüber, ob Sie gefunden werden, ob Sie verstanden werden und ob Ihre „Inhalte" Ihre

Wirkung entfalten. Und daher hat es der Content verdient, dass man ihn unmissverständlich erklärt.

Ich wünsche Ihnen nun viel Freude beim Lesen und beim Lernen, wie Ihr Content erfolgreich ist und Ihre Texte gelesen werden.

Dr. Beatrice Eiring

Literatur

BVDW. (o. J.). *Glossar: Content.* https://www.bvdw.org/glossar/. Zugegriffen: 18. Aug. 2020.

Gründerszene. (2019). *Lexikon: Content.* https://www.businessinsider.de/gruenderszene/lexikon/begriffe/content-2/. Zugegriffen: 9. Juli 2020.

Karall, P. H., & Weikert, A. (2010). *Grundlagen des wissenschaftlichen Arbeitens.* Wien: Institut für Kultur- und Sozialanthropologie der Universität. https://www.univie.ac.at/ksa/elearning/cp/schreiben/schreiben-65.html. Zugegriffen: 9. Juli 2020.

Inhaltsverzeichnis

Über die Autorin

Dr. Beatrice Eiring hat Deutsche Sprachwissenschaften und Marketing an der Julius-Maximilians-Universität in Würzburg studiert. Schon in ihrer Promotion hat sie sich damit beschäftigt, wie Print-Medien Inhalte zielgruppengerecht in Text und Bild an verschiedene Altersstufen einfach und verständlich vermitteln können. Die Leidenschaft für dieses Thema führte sie 2012 zur eology GmbH in Volkach, einer auf Suchmaschinenmarketing spezialisierten Onlinemarketing Agentur. Hier lässt sie seitdem ihr sprachwissenschaftliches Wissen in die Erstellung von Online-Texten einfließen und hat als erste Texterin im Team von eology die Content Creation der Agentur in den letzten acht Jahren erfolgreich mit ausgebaut. Gemeinsam mit ihrem Content-Creation-Team bei eology entwickelt sie entsprechend der Spielregeln der Suchmaschinen und der Sozialen Medien Qualitätsstandards für die Content-Erstellung sowie Content-Strategien für verschiedenste Branchen. Bekanntheit erlangte sie auch durch ihre Veröffentlichungen in der Website Boosting, dem Internet World Business Magazin, der t3n und weiteren Online Marketing Fachmagazinen.

Abbildungsverzeichnis

Tabellenverzeichnis

1 Herausforderung „Online-Content"

Zusammenfassung Wenn Sie Online-Content produzieren, sollten Sie keinesfalls einfach drauflos texten. Damit Ihre Texte gelesen werden und ihre Wirkung entfalten können, sollten Sie sich vorab mit den Spielregeln im World Wide Web vertraut machen. Dieses Kapitel beleuchtet daher die Fragen „Warum sind Texte auf Webseiten überhaupt nötig? Welchen Zweck erfüllt der Content? Was ist alles Content? Und warum ist eine Content-Strategie sinnvoll?"

Entscheidend für den Erfolg Ihres Online-Contents ist Mehrwert. *Was bitte ist Mehrwert-Content? Das ist doch sicher so ein Online Marketing Buzzword, ein bedeutungsleeres Wort, das eingesetzt wird im Vertrieb, um mehr Texte zu verkaufen. Jeder Text sollte schließlich einen Wert für den Leser haben? Warum braucht Online-Content dann einen Mehrwert?* Sicherlich hat sich das Wort *Mehrwert-Content* in den letzten Jahren abgegriffen. Es hat dennoch seine Berechtigung. Denn es drückt tatsächlich aus, wie Online-Content sein muss, damit Ihre Texte gelesen werden. Um dies zu verstehen, muss man zu den Anfängen des World Wide Web zurück, als immer mehr Seiten ins Netz kamen und die Suchmaschinen diese für die Suchenden in eine Reihenfolge bringen mussten, das sogenannte Ranking (vgl. Glossar). Ein wichtiger Faktor

B. Eiring, *Guten Content schreiben,* https://doi.org/10.1007/978-3-658-33657-8_1

für das Ranking ist – damals wie heute – vor allem, wie relevant der Content einer Webseite für eine Suchanfrage ist. Google und Co. konnten zum damaligen Zeitpunkt nur erkennen, ob das im Suchschlitz eingegebene Wort, auch als Keyword (vgl. Glossar) bekannt, im Content einer Seite vorhanden war oder nicht. War es in einer bestimmten Häufigkeit vorhanden, war eine Seite automatisch relevant und wurde besser gerankt als Seiten, die diese Häufigkeit nicht vorweisen konnten. Diese Häufigkeit bezifferte man auf 3 bis 4 % und ist auch als „Keyworddichte" (vgl. Glossar). bekannt. Der „Wert" eines Textes bestand also darin, das Keyword, für das man ~~ein~~ das Google-Ranking erzielen wollte, häufig genug zu enthalten. Denn dann war dieser relevant in den Augen der Suchmaschine. Der restliche Text war praktisch nicht von Bedeutung. Dies führte dazu, dass viele sinnlose Texte erstellt wurden. Teilweise findet man auf älteren Seiten immer noch solche „SEO-Textleichen", die lediglich für die Suchmaschinen geschrieben worden waren – nicht für den Leser. Dieser sollte diese gar nicht lesen – und wollte es auch gar nicht, weil diese Texte für ihn überhaupt weder einen Wert noch einen Informationsgehalt hatten. Heutzutage arbeiten die Suchmaschinen semantisch. Sie können Inhalte anhand ihrer Qualität bewerten. Anhand ihres Informations- und Wahrheitsgehaltes, anhand ihrer Fehlerfreiheit. Eine Seite ist nicht mehr allein dadurch relevant, dass sie ein Wort in der Häufigkeit von 3 bis 4 % enthält. Sondern dann, wenn auf ihr ein sinnvoller, sinnhaltiger Text steht. Ein Text, der dem Leser einen „Mehrwert" bietet.

1.1 Warum braucht man überhaupt Texte?

„Wenn Bilder und Videos auch Content sind, warum brauchen wir dann Texte für unsere Webseite? Bilder und Videos sehen doch viel besser aus, und die Nutzer, vor allem die jüngeren Generationen, konsumieren diesen doch auch lieber! Design und Layout sehen bildlastig viel zeitgemäßer aus." Diese Einwände sind grundsätzlich alle richtig. Jedoch gibt es dabei einen Haken: Mit Bildern und Videos alleine wird Ihre Website nicht gut ranken. Das liegt daran, dass die Suchmaschinen zwar Bildinhalte erkennen können. Sie verstehen aber aus Bildern allein noch nicht, für welche Suchanfragen Ihre Webseite relevant ist. Relevanz können Sie momentan nur durch Wörter, also Textinhalte, vermitteln. Darüber hinaus sollten die Verfechter von Bildern und Videos bedenken, dass auch für die Nutzer Bildinhalte nicht immer völlig unmissverständlich sind. Dann bedarf es eines beschreibenden Textes, damit das Bild nicht falsch interpretiert wird. Ein Beispiel: Für einen Laien kann es erschreckend wirken, wenn er ein Foto sieht, auf dem ein Löwe ein Löwenbaby im Maul hat. „Will er es etwa fressen oder ihm ein Leid antun?" Nein. Auf dem Bild ist eine Löwin zu sehen, die ihr Junges liebevoll und völlig ungefährlich im Maul trägt. Denn sie bringt es auf diese Weise an einen sicheren Ort, um es dort vor Feinden zu schützen. Ein nebenstehender Text kann dies zweifelsfrei erklären.

In vielen Fällen ergänzen sich Bild und Text also gegenseitig, gleichen die Defizite des anderen Mediums aus. Videos, als bewegte Bilder, die meistens auch Ton enthalten, brauchen hingegen in der Regel keinen erklärenden Text. Allerdings macht auch hier einer Sinn, denn er kann dazu motivieren, dass die Nutzer sich das Video ansehen. Das Startbild alleine kann das nämlich nicht immer gewährleisten – und es ist doch sehr schade, wenn man ein schönes Video produziert, das sich dann keiner ansieht.

Texte erfüllen online also folgende Zwecke

- Sie sorgen dafür, dass Sie im Netz auffindbar sind.
- Sie ermöglichen es Ihnen, Ihre Zielgruppe zu erreichen.
- Sie prägen Ihr Image.
- Sie tragen dazu bei, Ihren Umsatz zu steigern.
- Sie helfen Ihnen, mehr Kunden zu gewinnen.

Content im Allgemeinen und Texte im Speziellen sind Ihr Kommunikationsmittel für die digitale Welt. Damit erreichen Sie Ihre Ziele und sichern sich Ihren Online-Erfolg. Je nachdem, wie Ihre Ziele aussehen, können Sie den Content so einsetzen, dass er einen (oder auch mehrere) der oben genannten Zwecke erfüllt. Später erfahren Sie mehr über die einzelnen Content- bzw. Text-Arten und wie diese zu Ihrer Zielerfüllung beitragen. Unabhängig von Ihren Zielen, sollte der Content aber immer den einen Zweck erfüllen, dass die Nutzer Sie im Netz finden. Werden Sie nämlich nicht gefunden, können Sie keines Ihrer anderen Ziele erreichen. Damit Ihre Webseite auffindbar ist, also gut in den Suchergebnissen der Suchmaschinen gerankt wird, sollten Sie Ihren Content suchmaschinenoptimieren und den Spielregeln von Google & Co. bzw. der Sozialen Medien folgen. Was das genau bedeutet und was Sie hierfür beachten müssen, erfahren Sie ab (vgl. Kap. 3) ausführlich. Wenn Sie gefunden werden, ist der erste Schritt getan, damit Ihre Texte auch gelesen werden können. Dass diese ***gerne*** gelesen werden und zudem ihre Wirkung nicht verfehlen, dafür benötigen Sie Mehrwert.

1.2 Was ist „Content" überhaupt?

Content sind Texte, Bilder und Videos. Das ist inzwischen klar, aber die Definition des Begriffs ist doch noch recht abstrakt, wenig greifbar. In der Tat gibt es ganz unterschiedliche Content- bzw. Text-Arten. Man unterscheidet sie danach, wo man sie und zu welchem Zweck man sie einsetzt. Entsprechend haben alle Content-Arten bestimmte Charakteristika. Tab. 1.1 gibt einen Überblick über die wichtigsten Arten (ohne Anspruch auf Vollständigkeit).

Hinter Online-Content steht immer eine Intention: Transaktional bedeutet, dass der Content den Nutzer zu einer Aktion bringen soll, in der Regel ist damit der Kaufabschluss gemeint. Transaktionaler Content findet sich daher auf Shopseiten. Informational bedeutet, dass die Texte, Bilder und Videos informieren, ohne dass dabei eine direkte Verkaufsabsicht besteht. Zu informationalem Content zählt man außerdem unterhaltende Inhalte. Neben der Intention, die dahinter steht, dient der Content außerdem immer einem Zweck. Dieser ist individuell vom Produzenten definiert, jedoch kann man die individuellen Zwecke zu allgemeinen zusammenfassen, wie oben bereits angedeutet wurde. Inhalte können den Verkauf fördern, die eigene Expertise darstellen,

Tab. 1.1 Content- bzw. Text-Arten

Kategorietext	Transaktionaler Content auf einer Shopkategorieseite Zur Beschreibung des Sortiments dieser Produktkategorie Gibt einen Überblick Meist unter den Produkten am Seitenende oder in der Sidebar platziert Kaufratgeber, der Hilfestellung bei der Kaufentscheidung gibt Stellt Produktvarianten vor sowie die Nutzervorteile der Varianten Beantwortet kaufentscheidende Fragen Besteht meist nur aus Text mit Listen Verkaufsfördernd
Produkttext	Transaktionaler Content auf einer Produktdetailseite Zur Beschreibung eines einzelnen Produkts Die Textlänge variiert stark, je informationsintensiver und teurer ein Produkt, desto länger der Text Stellt die Produktvorteile (USPs) dar, meist in Form einer Liste Beseitigt das letzte Informationsdefizit des Nutzers, um die Kaufentscheidung abzuschließen Wichtige Funktion als Conversion-Förderer (Conversion vgl. Glossar)., da die Entscheidung über den Kauf auf der Produktdetailseite fällt Content umfasst neben dem Text auch Produkt-Bilder und ggf. Videos Verkaufsfördernd
Ratgebertext	Informationaler Content in einem Ratgeberbereich auf einer Domain Längerer Text mit Bildern und ggf. Videos Gibt Rat zu einem bestimmten Thema Informiert möglichst ganzheitlich über das Thema Geht ganz gezielt auf Fragen der Nutzer zum Thema ein Meist „Evergreen Content", der lange Gültigkeit besitzt Expertise darstellend, Image fördernd

(Fortsetzung)

Tab. 1.1 (Fortsetzung)

Blog-, News- oder Magazin-Text	Informationaler Content in einem Blog, einem News-Bereich oder Magazin auf einer Domain Längerer Text mit Bildern und ggf. Videos Kann News zum Unternehmen enthalten, aktuelle Themen aufgreifen, aber auch Tipps geben Hat eine höhere Aktualität als ein Ratgeber Hat meist einen Bezug zum Unternehmen und eine „persönliche" Note Image fördernd, Kunden bindend
Whitepaper und E-Books	Informationaler Content auf einer speziellen Landingpage auf einer Domain Längerer Text, der als PDF mit Bildern ansprechend aufbereitet wird PDF wird auf der Landingpage zum Download bereitgestellt Nutzer kann sich den Content herunterladen und hat „sein" eigenes Exemplar Stellt ein Thema sehr ausführlich und anschaulich dar Expertise darstellend, Image fördernd, Kunden bindend
Lexikon-Texte	Informationaler Content in einem Lexikon-Bereich einer Domain Kurze erklärende Texte, die wichtige (Fach-)Begriffe erläutern Meist nur Text, teilweise aber in Kombination mit einem Bild zur Darstellung des Fachbegriffs Expertise darstellend, Image fördernd
Social Media Beiträge, sogenannte Postings	Informationaler oder unterhaltender Content außerhalb der Domain auf einer Social Media Plattform wie Facebook, Instagram, XING, LinkedIn etc. Kurze Texte, in der Regel mit Bildern oder Videos bzw. mit Links kombiniert Image fördernd, Kunden bindend

das Image fördern sowie zur Kundenbindung beitragen. Die in Tab. 1.1 dargestellten Content- und Textarten werden uns in den folgenden Kapiteln begleiten. Es wird beleuchtet werden, wie Sie diese einsetzen, um Ihren individuellen Zweck zu erfüllen.

1.3 Warum nicht direkt drauflos texten?

Texte ohne Plan zu erstellen, ist nicht der richtige Weg. „Wir machen eben mal einen Ratgeber oder ein E-Book, denn wir brauchen ja Content“ sind meist Projekte, die schnell wieder eingestampft werden. Sie kosten zwar Geld und Zeit, bringen aber nicht den erhofften Effekt. Wenn Sie Erfolg haben wollen mit Ihren Inhalten, brauchen Sie eine Strategie. Mit dieser definieren Sie, was Sie erreichen möchten und wie Sie das erreichen können. Eine Content-Strategie gleicht also Ihre Ziele mit den dafür notwendigen Maßnahmen ab. Wenn Sie mehr Umsatz erzielen möchten, dann sollten Sie nicht in E-Books investieren. Wenn Sie mehr organische Seitenbesucher aus der Google-Suche wollen, dann werden Sie dies nur schwer mit Social Media-Beiträgen erreichen. Denn diese haben nur einen indirekten Einfluss auf Ihre Rankings in den Suchmaschinen. Definieren Sie also vor der Texterstellung immer Ihre Ziele und überlegen Sie dann, mit welchen Mitteln Sie diese am effizientesten erreichen.

Eine Content-Strategie umfasst folgende Schritte

1. Ziele definieren, die mit der Content-Erstellung erreicht werden sollen
2. Budget festlegen für Texte, Bilder, Layout etc.
3. Geeignete Content-Arten festlegen unter Berücksichtigung des Budgets
4. Roadmap erstellen und Milestones der Zielerreichung eintragen
5. Content-Themen konkretisieren und Briefings erstellen
6. Autoren bzw. Verantwortliche auswählen und briefen
7. Redaktionsplan ausarbeiten

Den Content strategisch und genau zu planen ist eine wichtige Voraussetzung für Ihren Online-Erfolg. Legen Sie dafür immer vorab die Rahmenbedingungen fest, in deren Grenzen sich die Content-Erstellung bewegen soll. So verzetteln Sie sich nicht, was ohne Strategie schnell passiert in der Online-Welt. Denn die Möglichkeiten an Content-Arten ist sehr groß. Wenn man hier und da mal etwas ausprobiert ohne Plan, verpuffen die Anstrengungen schnell ohne großen

Effekt. Mit einer Strategie können Sie das verhindern und Ihren Content nachhaltig sowie langfristig erfolgreich im Netz positionieren.

Alles steht und fällt mit Ihren Zielen – sie festzulegen, ist der erste wichtige Schritt. Seien Sie dabei genau, aber auch kritisch und bewerten Sie die Ziele danach, ob sie realistisch zu erreichen sind. Da die Möglichkeiten, Inhalte zu erstellen, zudem so vielfältig sind, sollten Sie auch ein Budget festlegen. Neben den Texten fallen Bilder und Videos finanziell nicht unerheblich ins Gewicht. Dies sollten Sie nicht vernachlässigen. Informieren Sie sich frühzeitig, welche Kosten im Detail für die gesamte Content-Erstellung zu veranschlagen sind. Nichts ist ärgerlicher, als mitten in der Produktion zu bemerken, dass das Budget nicht reicht. Daher ist eine Kostenplanung enorm wichtig.

Entsprechend Ihrer Ziele hat der Content eine informationale oder eine transaktionale Intention. Entscheiden Sie nach der Intention, welche Content-Art für Sie die effizienteste sein wird. Bei informationaler Intention haben Sie jede Menge Möglichkeiten zur Auswahl. Bedenken Sie hierbei neben Ihren Zielen immer das Budget und das Kosten-Nutzen-Verhältnis. Ein E-Book oder Whitepaper ist ein hochwertiges Content-Produkt. Wenn es Ihnen aber um mehr Keyword-Rankings und neue Seitenbesucher geht, ist ein Ratgeber oder ein Lexika die bessere Wahl. Beide Content-Arten bestehen in der Regel aus mehreren Seiten und bieten daher aufgrund der Seitenzahl ein größeres Potenzial für Keyword-Rankings als ein Whitepaper oder E-Book, das nur auf einer Landingpage liegt. Hier kann dann nur diese eine Seite ranken.

Tab. 1.2 gibt einen Überblick darüber, welche Ziele Sie mit den in Tab. 1.1 genannten Content-Arten erreichen können.

Tab. 1.2 Überblick Ziele & Content-Arten

Kategorietexte	Umsatz steigern durch verkaufsfördernde Inhalte Transaktionalen Traffic (vgl. Glossar). erhöhen durch mehr Top-10-Rankings (Voraussetzung: Suchmaschinenoptimierte Texte, siehe Abschn. 3.1) Reichweite verbessern durch mehr Sichtbarkeit (vgl. Glossar). im Netz
Produkttexte	Umsatz steigern durch verkaufsfördernde Inhalte Transaktionalen Traffic erhöhen durch mehr Top-10-Rankings (Voraussetzung: Suchmaschinenoptimierte Texte, siehe Abschn. 3.1) Reichweite verbessern durch mehr Sichtbarkeit im Netz
Ratgebertexte	Zusätzliche Rankings erzielen mit einem Ratgeberbereich Reichweite verbessern durch mehr Sichtbarkeit im Netz Image fördern durch Content, der von den Nutzern positiv und als hilfreich wahrgenommen wird Expertise darstellen durch hochwertige Inhalte Kunden binden durch wiederkehrende Besucher
Blog-, News- und Magazin-Texte	Zusätzliche Rankings erzielen mit einem Blog, Magazin oder News-Bereich Reichweite verbessern durch mehr Sichtbarkeit im Netz Image fördern durch Content, der von den Nutzern positiv und als hilfreich wahrgenommen wird Expertise darstellen durch hochwertige Inhalte Kunden binden durch wiederkehrende Besucher

(Fortsetzung)

Tab. 1.2 (Fortsetzung)

Whitepaper und E-Books	Starke Image- & Branding-Effekte durch Qualitäts-Content erreichen, der den Nutzern sehr viel Mehrwert bietet Expertise darstellen durch hochwertige Inhalte Reichweite steigern und Sichtbarkeit erhöhen, indem der Content aktiv verbreitet wird Gesamt-Domain stärken durch Verlinkungen externer Seiten auf das Whitepaper oder E-Book
Lexikon-Texte	Zusätzliche Rankings erzielen mit einem Lexikon Reichweite verbessern durch mehr Sichtbarkeit im Netz Image fördern durch Content, der von den Nutzern positiv und als hilfreich wahrgenommen wird Expertise darstellen durch die Erklärung von Fachbegriffen
Social Media Beiträge	Reichweite verbessern durch mehr Sichtbarkeit im Netz Image fördern durch Content, der von den Nutzern positiv und als hilfreich bzw. unterhaltsam wahrgenommen wird Mehr Webseitenbesucher generieren durch die Möglichkeit, Follower & Kontakte auf die Webseite weiterzuleiten, indem diese im Social Media-Beitrag verlinkt wird Kommunikation mit der Zielgruppe verbessern, indem man dort präsent ist, wo sich diese bevorzugt aufhält

Weiterführende Literatur

Eiring Dr., Beatrice. (2014). *Pandafreundliche Texte: Worauf es bei der Texterstellung für Online-Shops wirklich ankommt.* Website Boosting Ausgabe #26. https://www.websiteboosting.com/magazin/26/pandafreundliche-texte-worauf-es-bei-der-texterstellung-fuer-online-shops-wirklich-ankommt.html. Zugegriffen: 7. Jan. 2021.

Eiring Dr., Beatrice. (2019). *Content-Strategie – warum man online nicht einfach drauflos textet.* Website Boosting Ausgabe #55. https://www.websiteboosting.com/magazin/55/content-strategie-warum-man-online-nicht-einfach-drauflostextet.html. Zugegriffen: 7. Jan. 2021.

Eiring Dr., Beatrice. (2020). *Wie schreibt man Online-Texte, die auch gelesen werden?* Website Boosting Ausgabe #60. https://www.websiteboosting.com/magazin/60/wie-schreibt-man-online-texte-die-auch-gelesen-werden.html. Zugegriffen: 7. Jan. 2021.

2
Spielregeln der Online-Kommunikation

Zusammenfassung Wer guten Content schreiben möchte, sollte die Spielregeln der Online-Kommunikation befolgen: **Gefunden werden. Gefallen finden. Aufmerksamkeit bekommen.** Die erste Regel ist die Zentrale. Wenn Sie sich daran nicht halten, ist es irrelevant, ob Sie die anderen erfüllen. Denn die digitale Welt ist überflutet an Content. Wird Ihr Content nicht gefunden, ist er quasi nicht existent. Aus diesem Grund ist die Suchmaschinenoptimierung ein wesentlicher Baustein, damit Texte gelesen werden und wirken. Dass Ihr Content gefunden wird, können Sie unterstützen, indem Sie die dritte Regel erfüllen. Neben den Top-10 in den Suchergebnissen bzw. den Social Media-Feeds haben Sie noch weitere Möglichkeiten, um Ihre Zielgruppe auf sich aufmerksam zu machen. Ist dies erreicht, kommt es auf die Qualität der Inhalte an. Denn nur, weil die Nutzer Ihre Texte finden, heißt das nicht, dass sie diese gut finden. Sie sollten ihnen gefallen. Damit schließt sich der Spielregel-Kreis der Online-Kommunikation.

B. Eiring, *Guten Content schreiben*, https://doi.org/10.1007/978-3-658-33657-8_2

2.1 Gefunden werden: Die Bedeutung von SEO für Ihren Content

Wenn Sie mit Ihrer Website gut im Netz gefunden werden möchten, kommen Sie an der Suchmaschinenoptimierung, kurz SEO, nicht vorbei. Google hat eine ganze Reihe an Ranking-Faktoren, und die anderen Suchmaschinen orientieren sich am Google-Algorithmus. Daher bedeutet eine Optimierung entsprechend der Google Ranking-Faktoren praktisch auch eine Optimierung für alle anderen Suchmaschinen. Die Faktoren für das Ranking sind sehr komplex und ändern sich in ihrer Gewichtung immer wieder:

Der SEO Tool-Anbieter Searchmetrics veröffentlicht seit 2012 im Rahmen von regelmäßigen Studien jährlich die „[…] wichtigsten Ranking-Faktoren, die über ein Top-Ranking von Websites bei Google entscheiden. […] Da die Algorithmen von Google und anderen Suchmaschinen immer komplexer werden, um der Nutzerintention gerecht werden zu können, werden auch die Ranking-Faktoren immer spezifischer. Die Google Ranking-Faktoren 2018 unterscheiden sich je nach Nutzerintention, die hinter einer spezifischen Suchanfrage steht. […] Daher untersucht Searchmetrics seit 2017 keine allgemeinen Ranking-Faktoren mehr, sondern bietet detaillierte Studien zu branchenspezifischen Google Ranking-Faktoren. Hierzu wurden die Ranking-Faktoren in den Branchen Finanzen, Gesundheit, Medien, E-Commerce und Reise ermittelt. […] Die Searchmetrics Ranking-Faktoren 2018 können […] Unternehmen helfen, mehr Traffic und Conversions zu erzielen, indem genau jene Ranking-Faktoren bereitgestellt werden, die für eine Website wirklich relevant sind.“ (searchmetrics o. J.)

Derartige Studen sind eine willkommene Hilfe, die eigene Website besser für die Suchmaschinen zu optimieren und in den Rankings nach oben zu steigen. Denn Google selbst äußert sich eigentlich nie zu seinen eigenen Faktoren und deren Gewichtung. Im Frühjahr 2016 hat sich jedoch Google Search Quality Senior Strategist Andrey Lipattsev im Interview mit 42DM, das für ein Google Q&A des Youtube-Kanals der

Full Service Digital-Marketing Agentur aufgenommen wurde, doch einmal dazu geäußert:

„I can tell you what they are. It is content. And it's links pointing to your site." (42DM 2016). Übersetzt: *Ich kann Ihnen sagen, was die Google Ranking Faktoren sind. Es ist der Content. Und es sind Links, die auf Ihre Website verweisen.*

Es ist damit eindeutig: Mehrwert-Content ist extrem wichtig für ein gutes Google-Ranking! Wenn Sie Ihre Texte (und natürlich auch den Rest Ihrer Website) für die Suchmaschinen optimieren, stellen Sie sicher, dass Sie im Netz gut gefunden werden.

Doch was sind suchmaschinenoptimierte Texte? Das lässt sich mit einer einfachen Formel darstellen:

SEO – Content = Keywordoptimierung + Lesbarkeit

Lesbarkeit für die Suchmaschinen bedeutet, dass Sie nicht nur Ihre Webseite an sich strukturieren, sondern auch, dass Sie Ihrem Text eine Struktur geben. So kann der sogenannte Google Bot (vgl. Glossar) diesen besser verstehen und seine Relevanz für das Ranking bewerten. Worauf es dabei im Detail ankommt, erfahren Sie in Abschn. 3.4.

Keywords sind die Suchanfragen der Nutzer. Daher ist die Keywordoptimierung im Grund genommen eine Ausrichtung des Textes auf deren Anfragen. Das heißt: Sie verwenden die Keywords, die den Suchanfragen entsprechen, als Basis für den Inhalt und bauen die Keywords sinnvoll in den Text ein. So zeigen Sie Google & Co., auf welche Suchanfragen Ihr Content Antworten bietet. Es ist essentiell, dass die Suchmaschinen den Inhalt Ihrer Webseite verstehen. Und das stellen Sie durch eine Keywordoptimierung Ihrer Texte sicher. Je besser die Suchmaschinen Ihren Inhalt verstehen und desto relevanter sie diesen für die Suchanfragen (= die Keywords) einstufen, desto höher steht Ihre Seite im Ranking und desto besser werden Sie gefunden.

Nicht nur in der Google-Suche kommt es darauf an, dass Sie gefunden werden. Auch die Sozialen Medien sind inzwischen so überflutet, dass Ihr Profil bzw. Ihre Beiträge nicht automatisch gefunden werden. Ein Nutzer muss Ihrem Profil folgen (Facebook, Instagram) bzw. mit Ihnen vernetzt sein (XING, LinkedIn), um Ihre Beiträge zu sehen. Sie erscheinen dann in seinem News-Feed. Um darüber hinaus auch die Nutzer zu erreichen, die noch nicht zu Ihren Followern bzw. Ihren Kontakten gehören, können Sie Hashtags (vgl. Glossar) benutzen. Diese funktionieren ähnlich wie Keywords und helfen Ihnen, dass Ihre Beiträge eine höhere Reichweite erzielen. Wie das funtioniert, erfahren Sie in (Kap. 4).

2.2 Gefallen finden: Das letzte Wort hat der Nutzer

Wenn Ihre Inhalte in den Top-10 ranken, haben Sie sich schon einmal sehr gut an die erste Spielregel für eine erfolgreiche Online-Kommunikation gehalten. Die Wahrscheinlichkeit, dass die Nutzer Ihre Website besuchen und Ihre Texte lesen, ist hoch. Jetzt kommt es auf die zweite Spielregel an. Wenn die Nutzer auf Ihrer Seite sind, heißt das nämlich noch nicht, dass Sie Ihre Texte auch (zu Ende) lesen. Im besten Fall tun sie genau das, im schlimmsten Fall springen sie direkt zum Suchergebnis zurück. Das würde nicht nur Ihre geplante Kommunikation mit den Nutzern verhindern, sondern sich auch auf Ihre guten Rankings auswirken. Neben der Suchmaschinenoptimierung der Inhalte (Lesbarkeit und Relevanz durch Keywords) bewerten Google & Co. ebenso das Verhalten der Nutzer, wenn diese Ihre Seite besuchen. Zu den weiteren Ranking-Faktoren gehören deshalb die sogenannten Nutzersignale:

- **Klickrate:** Drückt aus, wie oft die Nutzer sich für Ihr Suchergebnis entscheiden und Ihre Webseite besuchen.
- **Absprungrate:** Die Nutzer kehren direkt zum Suchergebnis zurück und besuchen keine weitere Ihrer Seiten.
- **Verweildauer:** Dauer, die ein Nutzer auf Ihrer Seite verbringt, bevor er diese wieder verlässt.

Sind die Nutzersignale negativ, dann werden Sie Ihr Top 10-Ranking nicht lange behalten. Die Suchmaschinen wollen das beste Ergebnis auf die Suchanfrage der Nutzer. Wenn die Signale gegen Ihre Webseite sprechen, passt sie offensichtlich nicht zur Suchanfrage und wird deshalb schlechter gerankt. Der tatsächlich Klick auf Ihr Suchergebnis, ausgedrückt in der Klickrate, ist daher bereits äußerst wichtig. Den Klick können Sie positiv beeinflussen, indem Sie Ihr Suchergebnis optimal gestalten. Wie Sie die sogenannten Meta-Daten (Meta-Title und Meta-Description) für eine gute Klickrate optimieren, erfahren Sie in Abschn. 3.8.

Verweildauer und Absprungrate sind zwei Metriken, welche die Suchmaschinen in Korrelation zueiandern bewerten. Eine hohe Absprungrate heißt zwar, dass die meisten Nutzer keine weitere von Ihren Seiten besuchen, sondern zum Suchergebnis zurückkehren. Das bedeutet aber nicht automatisch, dass Ihre Inhalte nicht zur Suchanfrage passen. Ob eine hohe Absprungrate negativ ist, zeigt sich erst, wenn Sie diese gemeinsam mit der Verweildauer betrachten. Ist die Verweildauer gering, dann fehlt Ihrem Content die Relevanz, er beantwortet die Suchanfrage der Nutzer nicht zufriedenstellend. Ist sie aber hingegen hoch, zeigt das in Verbindung mit einer hohen Absprungrate, dass Ihre Inhalte die Nutzeranfrage höchstwahrscheinlich befriedigen konnte. Oder anders ausgedrückt: Dass Ihr Content Gefallen gefunden hat. Die Frage des Nutzers ist beantwortet, er kehrt zu Google zurück und widmet sich einer neuen Suche.

Sie sehen also: Sie haben es zwar in der Hand, dass Ihre Texte gefunden werden, indem Sie diese suchmaschinenoptimieren und so in die Top-10 der Suchergebnissen bringen. Darüber, dass Sie dort langfristig bleiben, entscheiden aber die Nutzer(-Signale). Wenn Sie merken, dass Ihre Inhalte nicht bei den Nutzern ankommen, dann sollten Sie genau daran arbeiten. Denn nur so schaffen Sie es, dass Ihre Texte gelesen werden.

2.3 Aufmerksamkeit bekommen: Die Verbreitung von Inhalten

Laut des Zitats von Google Search Quality Senior Strategist Andrey Lipattsev in Abschn. 2.1 sind neben dem Content Backlinks (vgl. Glossar), die auf Ihre Website verweisen, der zweite wichtige Ranking-Faktor. Sie stehen auch im Zentrum der dritten Spielregel der

Online-Kommunikation. Mit Linkmarketing (vgl. Glossar) können Sie die Reichweite Ihrer Inhalte vergrößern und Ihre Bekanntheit im Netz steigern. Dieses ist also nicht nur eine wichtige Stellschraube für Ihr Ranking bei den Suchmaschinen.

Verlinkungen gibt es seit Anbeginn des World Wide Webs. Das erklärt den Stellenwert von Backlinks für das Google Ranking. Je mehr Links von externen Websites Ihre eigene hat, desto besser bzw. relevanter erscheint sie den Suchmaschinen. Die Backlinks sind wie Empfehlungen für Ihre Website, sie referieren auf deren Qualität und Vertrauenswürdigkeit. Im Zusammenhang mit dem Ziel, dass Ihre Texte gelesen werden, interessiert uns dies jedoch nur sekundär, (auch wenn der Effekt, dass Backlinks das Ranking einer URL verbessern, diese dadurch bessere Positionen erhält und zugleich mehr Besucher auf Ihre Website kommen, hilfreich ist). Viel wichtiger für uns ist: Die Backlinks helfen an sich, dass Ihre Texte (häufiger) gelesen werden. Denn sie sind ein zweiter Weg, über den die Nutzer zu Ihren Inhalten kommen – neben dem Weg über die Suchergebnisse. Klicken die Nutzer auf einen Link auf einer anderen Website, der zu Ihrer führt, leitet sie das automatisch dorthin weiter, ohne dass der Nutzer den Umweg über die Suchmaschine-Suche gehen muss. Der Backlink ist auch für den Nutzer eine Empfehlung Ihres Contents. Er wird vielleicht dadurch sogar noch eher bereit dazu sein, Ihren Text zu lesen.

Backlinks auf Ihre Inhalte können Sie fördern – sofern diese verlinkungswürdig sind. Um Verlinkungswürdigkeit zu erlangen, kommt es auf Qualität an. Je hochwertiger und je einzigartiger Ihre Texte sind, desto eher bekommen Sie Backlinks von anderen Websites. Diese können von selbst entstehen, weil andere Webseitenbetreiber ohne Ihr Zutun auf Ihre Inhalte aufmerksam werden. Wenn Webseitenbetreiber diesen für gut befinden, werden sie Ihren Content mit ihrer eigenen Zielgruppe teilen wollen. Sie berichten darüber und setzen einen Backlink mit Ihrer Webseite als Ziel. So etwas ist enorm wertvoll und sorgt nicht nur für die Verbreitung Ihres Contents im Netz. Es wirkt sich auch positiv auf Ihr Image aus – denn Ihre Inhalte werden durch die Backlinks ja von Dritten weiterempfohlen.

Zu Beginn des World Wide Web war es noch sehr einfach, dass dieser Prozess ohne Aufwand von selbst stattfindet. Es gab noch deutlicher weniger Webseiten und diese haben daher auch öfters aufeinander verlinkt. Heutzutage gleicht es fast einem Sechser im Lotto, dass andere Webseitenbetreiber ausgerechnet auf Ihren Content stoßen in der Weite und Fülle an Inhalten im Netz. Aber Sie können dem Ganzen nachhelfen: Indem Sie Ihre Inhalte gezielt vermarkten. In der Fachsprache hat sich in diesem Zusammenhang der Begriff *Content Marketing* herausgebildet. Dieser wird jedoch nicht einheitlich verwendet. Es herrscht eine divergierende Definitionsvielfalt: Unter den Online Marketing-Experten gibt es zu diesem Thema ganz unterschiedliche Meinungen. Die PR versteht es als Öffentlichkeitsarbeit, das Brandmanagement als Branding-Mittel, die SEOs als Mittel, um Links aufzubauen. Manche verstehen es als Teil der Unternehmenskommunikation, andere sehen darin den Aufbau von nutzerorientierten Inhalten.

Um Klarheit in diese heterogenen Definitionen zu bringen, hat sich der BVDW dem Thema angenommen. Der Bundesverband Digitale Wirtschaft e. V., ist die „Interessenvertretung für Unternehmen, die digitale Geschäftsmodelle betreiben oder deren Wertschöpfung auf dem Einsatz digitaler Technologien beruht. Als Impulsgeber, Wegweiser und Beschleuniger digitaler Geschäftsmodelle vertritt der BVDW die Interessen der Digitalen Wirtschaft gegenüber Politik und Gesellschaft und setzt sich für die Schaffung von Markttransparenz und innovationsfreundlichen Rahmenbedingungen ein. Sein Netzwerk von Experten liefert mit Zahlen, Daten und Fakten Orientierung zu einem zentralen Zukunftsfeld.“ (BVDW o. J. c) Er hat die Fokusgruppe „Content Marketing“ gegründet, um sich „für ein einheitliches Verständnis und eine trennscharfe Interpretation des Begriffs, gemeinsame Standards sowie einen professionellen Umgang mit dem Thema ein[zusetzen]“. (BVDW o. J. a). Der Verband zertifiziert in diesem Zusammenhang Agenturen, Publisher und Dienstleister, die sich in einem Code of Conduct an die Qualitätsstandards des Verbands selbstverpflichtend binden. Wenn Sie Content Marketing-Dienstleistungen von Unternehmen beziehen, die den Code of Conduct unterzeichnet haben, können Sie dann durch diesen Klarheit und Transparenz über den Leistungsumfang erhalten. Im Mission Statement der Unterzeichner heißt es:

„Mit relevanten Inhalten zum Erfolg […]: Wir wollen Menschen, die Marken ihre Aufmerksamkeit schenken, relevante Inhalte anbieten. Mit

Kreativität und dem gezielten Einsatz von Technologie entwickeln wir herausragende Kommunikationslösungen, die Nutzen stiften, unterhalten, überzeugen und begeistern. Wir verstehen Content Marketing ganzheitlich, kanalübergreifend und crossmedial – nicht fokussiert auf eine Disziplin oder Mediengattung. Durch echte Mehrwerte helfen wir Werbungtreibenden dabei, ihre Ziele zu erreichen und Konsumenten, bestmögliche Entscheidungen zu treffen." (BVDW o. J. a).

Um nun für dieses Buch in diesem Punkt ebenso für Begriffsklarheit zu sorgen, beziehen wir uns auf die Definition der Fokusgruppe des BVDW:

Definition Content Marketing

„Content Marketing beschreibt für uns die datengestützte Planung, Erstellung, Distribution, Messung und Optimierung von Inhalten, die von eindeutig definierten Zielgruppen im individuellen Moment der Aufmerksamkeit gesucht, benötigt und wertgeschätzt werden und somit eine, auf das übergeordnete Unternehmensziel einzahlende, Aktion auslösen." (BVDW o. J. b).

In diesem Sinne wird der Begriff *Content Marketing* nun verstanden und benutzt.

Wie in der oben genannten Definition beschrieben, gehört auch die Distribution der Inhalte, sprich deren Verbreitung, zum Content Marketing. Es geht dabei darum, dass Sie Ihren Content im Netz bekannt machen, indem Sie ihn „streuen" und daher mehr Aufmerksamkeit bekommen. Für dieses Vorgehen gibt es ebenfalls wieder einen Fachbegriff, das *Seeding* (aus dem Englischen „Säen"), den der BVDW wie folgt definiert:

Definition Seeding

„Innerhalb einer Content-Marketing-Strategie meint das Content-Seeding (oder auch nur Seeding) die gezielte Verbreitung von Inhalten. Diese Vorgehensweise findet vor allem in Bezug auf soziale Netzwerke und Videoplattformen Anwendung." (BVDW o. J. b).

Was bedeutet das nun genau? Wie durch den Begriffsbestandteil „Marketing“ bereits angedeutet, machen Sie quasi Vertrieb oder PR für Ihre Inhalte. Ein Seeding-Prozess kann beispielsweise so aussehen:

- Sie suchen im Netz nach Webseiten (Blogs, Portale, Online-Magazine etc.), die thematisch zu Ihren Inhalten passen und für deren Leser/Zielgruppe Ihre Inhalte interessant sein könnten.
- Wenn Ihnen die Ergebnisse gefallen und Sie sich eine Kooperation vorstellen können, kontaktieren Sie den Webseitenbetreiber.
- Bitten Sie ihn, über Ihre Inhalte zu berichten und diese zu verlinken.
- Wenn die Leser Ihres Kooperationspartners den Beitrag sehen, können diese über den Link auf Ihre Webseite kommen und Ihre Texte lesen.
- Hat Ihr Kooperationspartner zudem eines oder mehrere Profile in den Sozialen Medien, bitten Sie ihn, dort seinen Beitrag über Ihren Content oder Ihren Content direkt im Rahmen eines Postings zu teilen. So erhöht sich zusätzlich die Reichweite Ihrer Inhalte.

Klingt eigentlich ganz einfach, oder? In der Realität gibt es jedoch noch ein paar Herausforderungen zu meistern:

- **„Verkaufen“ Sie Ihren Content.** Das mit dem Vertrieb weiter oben war schon wörtlich gemeint. Die Webseitenbetreiber werden nicht einfach nur, weil Sie diese höflich bitten, auf Ihre Website verlinken. Diese werden in der Regel sehr häufig wegen solcher Anliegen kontaktiert. Daher braucht es Überzeugungskraft. Stellen Sie die Vorteile Ihres Inhalts heraus: Warum sollte man darüber berichten? Warum ist er interessant für die Zielgruppe Ihres möglichen Kooperationspartners? Je überzeugender Sie hierbei vorgehen, desto wahrscheinlicher bekommen Sie den Backlink. Sie sollten natürlich dem möglichen Partner trotzdem kein Einhorn versprechen, wenn Sie nur ein Pony zu bieten haben. Ihr Content sollte selbst auch mit Mehrwert und Qualität überzeugen können.
- Backlinks zu kaufen, ist eine Art der Manipulation, die Google nicht möchte. Die Suchmaschine will das beste Ergebnis für den Nutzer und daher hochwertige Inhalte ranken. Wird für Backlinks

bezahlt, erkauft man sich mehr Relevanz, die man ggf. gar nicht verdient. Dadurch verbessern sich die Seiten, hinter denen viel Geld steht, und nicht unbedingt diejengen mit den besten/relevantesten Inhalten. Mit dem Penguin Update (vgl. Glossar) hat Google dem manipulativen Linkkauf in großem Stil einen Riegel vorgeschoben. Websites, bei denen der Verdacht des Linkspams (vgl. Glossar) besteht, straft die Suchmaschine ab und rankt diese schlechter. Daher sollten Sie **nur googlekonformen Backlinkaufbau betreiben.** Content Marketing fällt darunter. Denn der Gegenwert für die Linksetzung ist nicht einfach nur ein Geldbetrag, sondern hochwertiger Content, der Mehrwert für die Nutzer besitzt. Er hat die Berechtigung, verlinkt zu werden und ist es wert, durch den Link empfohlen zu werden.

Stimmen dann auch noch die folgenden Faktoren, haben Sie beim Backlinkaufbau bzw. dem Seeding Ihrer Inhalte alles richtig gemacht:

- **Themenrelevanz der linkgebenden Website;** das bedeutet, dass diese thematisch zu Ihrem Content passt. Wenn bspw. der Ratgeber eines Buchhaltungssoftware-Anbieters einen Link von einem Mami-Blog bekommt, hat das wenig mit Themenrelevanz zu tun.
- **Qualität der linkgebenden Website;** es gibt viele Spamseiten, die sich allein durch den Verkauf von Backlinks finanzieren. Vermeiden Sie Links von solchen Websites, bei denen aus nahezu jedem Artikel Links zu kommerziellen Websites enthalten sind.
- **Fokus auf Links, die mit hoher Wahrscheinlichkeit direkten Traffic für die verlinkte Zielseite generieren;** das ist vor allem bei Websites der Fall, die eine aktive Leserschaft haben (erkennbar bspw. an Kommentaren unter Artikeln).
- **Fokus auf individuelle Kontaktaufnahme mit potenziellen Linkgebern,** insbesondere per Telefon. Vermeiden Sie unpersönliche Massen-Mailings.

Literatur

42DM. (2016). *Youtube Google Q&A+ #March.* https://www.youtube.com/watch?v=l8VnZCcl9J4. Zugegriffen: 24. Juli 2020.

BVDW. (o. J. a). *Fokusgruppe Content Marketing.* https://www.bvdw.org/der-bvdw/gremien/content-marketing/news/. Zugegriffen: 16. Aug. 2020.

BVDW. (o. J. b). *Glossar: Content Marketing.* https://www.bvdw.org/glossar/. Zugegriffen: 18. Aug. 2020.

BVDW. (o. J. c.). *Über uns.* https://www.bvdw.org/der-bvdw/. Zugegriffen: 16. Aug. 2020.

searchmetrics. (o. J.). *1x1 der Ranking-Faktoren.* https://www.searchmetrics.com/de/knowledge-base/ranking-faktoren/. Zugegriffen: 25. Juli 2020.

Weiterführende Literatur

Fischer, Prof. Dr., M. (2009). *Website Boosting 2.0: Suchmaschinen-Optimierung, Usability, Online-Marketing* (2., aktualisierte und erweiterte Aufl.). Heidelberg: mitp.

Maroth, A., & Unfried, P. (2020). *R. I. P. Pressemitteilung – Content-marketing als alternative.* Website boosting ausgabe #64. https://www.websiteboosting.com/magazin/64/r-i-p-pressemitteilung-content-marketing-als-alternative.html. Zugegriffen: 16. Jan. 2021.

Strack, M. (2016). *Wie die Aussaat, so die Ernte – durch professionelles Content-Seeding googlekonforme Backlinks aufbauen.* Website boosting ausgabe #40. https://www.websiteboosting.com/magazin/40/wie-die-aussaat-so-die-ernte-durch-professionelles-content-seeding-googlekonforme-backlinks-aufbauen.html. Zugegriffen: 16. Jan. 2021.

Unfried, P., & Strack, M. (2019). *Herausforderungen und Möglichkeiten im internationalen Content-Outreach.* Website boosting ausgabe #59. https://www.websiteboosting.com/magazin/59/herausforderungen-und-moeglichkeiten-im-internationalen-content-outreach.html. Zugegriffen: 16. Jan. 2021.

3 Best Practices für Webseiten-Content

Zusammenfassung Wie Sie mit unserer Definition des Begriffs *Content* erfahren haben, gibt es verschiedene „Spielwiesen" in der digitalen Welt, auf denen Sie Inhalte mit Ihrer Zielgruppe teilen können. Egal, welche davon Sie „bespielen" – ob eine Website oder ein Social Media-Profil –, Sie wollen immer, dass Ihre Inhalte konsumiert werden (und eine gewisse Reaktion bei den Konsumenten auslösen). Sie wissen inzwischen, dass es allgemeine Spielregeln in der digitalen Welt gibt. Darüber hinaus gibt es für jede „Spielwiese" individuelle Herausforderungen, die Sie meistern sollten, damit Ihre Texte gelesen werden. Die individuellen Spielregeln unterscheiden sich zum Teil recht stark voneinander. Je nachdem, ob Sie Ihre Website betexten, Beiträge auf Instagram posten oder Fachartikel in LinkedIn veröffentlichen. Wir stellen daher in diesem Kapitel die Best Practices für die wichtigsten „Spielwiesen" vor. Wenn Sie diesen folgen, sind Sie auf einem guten Weg, Content zu schreiben, der gelesen wird und wirkt.

In Abschn. 1.2 haben wir die verschiedenen Content-Arten vorgestellt, die es auf einer Website geben kann. Je nach Website sind nicht alle Content-Arten für Sie relevant. Abhängig ist dies von Ihren eigenen Zielen und davon, welche Suchanfragen Sie bedienen wollen.

B. Eiring, *Guten Content schreiben*, https://doi.org/10.1007/978-3-658-33657-8_3

Gemäß der 1. Spielregel für die Online-Kommunikation müssen die Nutzer Ihre Website finden, bevor sie Ihre Texte lesen (können). Daher kommen Sie bei dem Content für Ihre Website um SEO nicht herum. Suchmaschinenoptimierung für Ihre Texte bedeutet: Den Content auf passende Suchanfragen der Nutzer auszurichten und so zu gestalten, dass er zur Suchintention der Nutzer passt. Am Anfang der Texterstellung für Webseiten steht daher immer die Frage: Welche Suchanfragen möchte und kann ich bedienen? Eine Keyword-Recherche beantwortet sie. Wie in der 2. Spielregel beschrieben, muss der Content aber auch gefallen finden und das tut er schon einmal zu einem großen Teil, wenn er zur Intention hinter der Suchanfrage passt. Der erste Schritt, wenn Sie Inhalte für Ihre Website erstellen, ist daher nicht nur die Analyse der relevanten Suchanfragen der Nutzer, sondern ebenso der dahinter stehenden Intentionen.

3.1 Keyword-Recherche: Die Basis Ihrer Texterstellung

Um den Wert von Keywords für Ihren Online-Content zu verstehen, müssen Sie erst einmal wissen, was ein *Keyword* ist. Der Fachbegriff wird verschiedentlich definiert. So z. B. im Glossar des BVDW:

„Bestimmtes Wort bzw. Wörter (=Schlüsselwörter) aus der automatisierten und/oder manuellen Verschlagwortung von Inhalten. Auf der Basis von Keywords kann u. a. mit der Hilfe von Suchmaschinen eine Liste von Websites erstellt werden, die mit dem Keyword in Verbindung stehen.“ (BVDW o. J.)

Oder im Glossar von Onlinemarketing Praxis:

„Ein Keyword (dt. Schlüsselwort) bezeichnet im Onlinemarketing einen Suchbegriff, über den eine Suche ausgelöst wird. Im Suchmaschinenmarketing dienen Keywords zur Steuerung der Einblendung von Werbeanzeigen und zur Suchmaschinenoptimierung einer Website.“ (Onlinemarketing Praxis o. J. a.)

Als *Keyword* werden also in der Fachsprache Wörter bezeichnet, die einem bestimmten Zweck dienen. Die Zwecke sind:

- Die Verschlagwortung einer Webseite, um sie den Suchmaschinen und den Nutzern zu erklären bzw. um deren Inhalt zusammenzufassen.
- Die Suchanfrage der Nutzer, mit der diese in den Suchmaschinen nach Inhalten suchen.

Damit erfüllen Keywords zwei wichtige Funktionen:

1. Sie ermöglichen es den Suchmaschinen, den Webseiten-Inhalt zu verstehen, einzuordnen und zu bewerten. Dies wirkt sich sehr positiv darauf aus, wie gut eine Webseite gefunden wird.
2. Sie bilden die Suchanfragen der Nutzer ab und geben dadurch Aufschluss, welche Inhalte die Nutzer zu einem Thema brauchen.

Mithilfe verschiedener Tools lassen sich Keywords – oder anders gesagt: die Suchanfragen, die die Nutzer bei Google und Co. eingeben – recherchieren. Anhand dieser Recherche definieren Sie dann, welche Keywords den Inhalt Ihrer Seite am besten beschreiben. Mit anderen Worten: Indem Sie sich dafür entscheiden, bestimmte Suchanfragen der Nutzer mit Ihrem Content zu bedienen, verschlagworten Sie auch gleichzeitig Ihre Webseite. Das tun Sie, indem Sie die Keywords im Text verwenden.

> Das vorrangige Ziel der Keyword-Recherche ist es also, herauszufinden, was die Nutzer gerne lesen möchten. Denn je besser Sie die Interessen der Nutzer bedienen, desto wahrscheinlicher werden Ihre Texte gelesen. Sie sollten den Wert der Keyword-Recherche nicht unterschätzen. Es lohnt sich, dass Sie sich dieser ausführlich widmen, bevor Sie mit der Texterstellung beginnen.

Die Keyword-Recherche lässt sich in zwei Schritte teilen. Zuerst identifizieren Sie die Nutzerinteressen an sich: Welche Probleme, Fragen oder Bedürfnisse haben die Nutzer zum Themenkomplex, den Sie bedienen? Zum Beispiel: Was möchten die Nutzer alles zum Thema „Buchhaltung“ wissen? Im ersten Schritt legen Sie also die konkreten „Textthemen“ fest. Im zweiten recherchieren Sie ein Keyword-Set für jedes Thema bzw. jeden Text. Dieses dient dazu, größtmögliche Relevanz zu schaffen und damit ein bestmögliches Ranking in den Suchergebnissen zu erzielen. Früher hat man einen Text lediglich auf ein Keyword optimiert. Mehr musste nicht sein, denn Google & Co. konnten nur erkennen, ob die Suchanfrage, sprich das Keyword, in einem Text vorkommt. War es ausreichend vorhanden, war die Website relevant und wurde entsprechend gerankt. Man sprach im Fachjargon von der Keyword-Dichte, die zwischen 3 und 4 % betragen sollte. Der übrige Text war tatsächlich nicht von Bedeutung für die Bewertung der Relevanz. Seine Qualität ebenso.

> „Keyword-Density wird auch als Suchwortdichte oder Keyword-Dichte bezeichnet. Die Keyword-Density gibt an, wie hoch der Anteil eines Wortes oder einer Wortkombination im Verhältnis zum gesamten Text ist. Sie wird in Prozent angegeben. […] Die Suchwortdichte ist ein relevanter Ranking-Faktor für Suchmaschinen und ein wichtiger Bestandteil bei der Suchmaschinenoptimierung. Allerdings scheiden sich die Geister, welche Keyword-Dichte optimal ist und ob es überhaupt eine optimale Suchwortdichte gibt. So variieren die Aussagen von optimalen Keyword-Dichten zwischen 3 % bis hin zu 10 %." (Onlinemarketing Praxis o. J. b.)

Seit dem ersten Google Panda Update 2011 (vgl. Glossar) werden die Suchmaschinen jedes Jahr besser, die Qualität des Contents zu bewerten – und dazu gehört auch zu erkennen, ob neben dem Keyword weitere Wörter in dem Text vorhanden sind. Nämlich die, die semantisch zum Thema bzw. der Suchanfrage gehören. So eröffnet das Thema „Buchhaltungssoftware" eine Wortwolke. Semantisch gehören zu dieser neben dem Thema, das man auch als Fokus-Keyword bezeichnet, eine Reihe von Wörtern. Und das weiß auch Google und erwartet diese inzwischen im Text. Dass das Keyword „Buchhaltungssoftware" enthalten ist, ist also nicht mehr allein entscheidend, ob die Suchmaschinen eine Seite als relevant betrachten oder nicht. Mit verschiedenen Tools können Sie diese Wortwolke um das Thema herum ganz einfach recherchieren und Stück für Stück ein Keyword-Set pro Text aufbauen.

Das Panda Update von Google

„Bei dem sogenannten „Panda Update" handelt es sich um eine Anpassung des Algorithmus der Google-Suchmaschine, der im Jahr 2011 eingeführt wurde. [...] Das Primärziel des Panda Updates ist die Verbesserung der Suchergebnisse durch das Herausfiltern von minderwertigen Seiten. [...] Mit dem Panda Update wurde besonders der Content von Websites in den Fokus gerückt. Die Algorithmusanpassung wirkt wie ein Qualitätsfilter für Webseiten. Dabei werden Webseiten von minderer Qualität herausgefiltert und abgewertet. Diese Bewertung erfolgt nicht pro Webseite, sondern auf URL-Basis. [...] Die Konsequenz dieser Abwertung besteht darin, dass die betroffene Webseite sich im Google-Ranking verschlechtert und somit Sichtbarkeit einbüßt. [...] Durch die Einführung des Panda Updates wurde die Qualität der SERPs deutlich verbessert. [...] Der Google-Panda setzt an unterschiedlichen Punkten an (searchmetrics o. J. a):

- **Content ohne Mehrwert:** Dabei kann es sich um Duplicate Content (vgl. Glossar), von anderen Seiten kopierte Texte oder sogenannten „Thin Content" (vgl. Glossar) handeln.
- **Negative Nutzersignale:** Hohe Absprungraten oder eine geringe Verweildauer können Signale sein, die den Qualitätsfilter aktiv werden lassen.
- **Unausgeglichenes Verhältnis von Werbung zu Content:** Wenn die Werbeblöcke den Nutzen einer Website zu stark beeinträchtigen, können diese die Rezeption der Seite verschlechtern.
- **Hohe Keyworddichte:** Kommt ein Keyword in einem Beitrag zu häufig vor, kann das ein Zeichen für minderwertige Inhalte sein.
- **Unpassende Meta-Angaben:** Wenn Elemente wie Title oder Description nicht zum Inhalt der Seite passen oder übermäßig mit Keywords gespickt sind, können das negative Qualitätssignale für Google sein.
- **Eingehende Links von minderer Qualität:** Wenn eine Website keine oder Backlinks von minderwertiger Qualität aufweist, kann das für Google offenbar ein Hinweis auf eine minderwertige Internetseite sein."

Legen Sie sich also besser nicht mit dem Google Panda an und beachten Sie die oben genannten Punkte. **Qualität geht dabei immer vor Quantität.** Und das sollten Sie bei Ihrer Keyword-Recherche stets im Hinterkopf haben. Bewerten Sie die Keywords und entscheiden Sie genau, ob Sie diese bedienen können.

John Mueller, Senior Webmaster Trend Analyst bei Google, hat sich zum Thema „Qualität vor Quantität" zum wiederholten Male am

16. August 2020 auf der Social Media-Plattform Twitter sehr deutlich geäußert, wie Sie in Abb. 3.1 sehen.

Er betont in seiner Aussage, dass es bei der Erstellung von Webseiten auf die Relevanz und Qualität der Inhalte ankomme, nicht auf die Masse. Veröffentlicht man massenweise neue URLs für unzählige Keywords, ist das erst einmal nichts Schlimmes. John Mueller warnt aber davor, dass darunter die Qualität der Inhalte leidet. Einfach Content zu erstellen um der Menge der Inhalte willen, bringt Sie also nicht an Ihr Ziel. Die Qualität muss stimmen. Wie Sie das schaffen, erfahren Sie in Abschn. 3.1.

Wir erklären nun, wie Sie Schritt für Schritt bei der Keyword-Recherche vorgehen:

1. Schritt: Suchanfragen bzw. Nutzerinteressen identifizieren

Tagtäglich geben die Nutzer in Deutschland um die 140 Mio. Suchanfragen bei Google ein (orange services 2016 – Stand April 2016).

Da ist natürlich nicht jede für Sie relevant. Wenn Sie einen Online-Shop oder eine Informationsplattform zum Thema „Buchhaltungssoftware“ betreiben, dann sind alle Suchanfragen rund um dieses Thema für Ihre Texterstellung relevant. Um diese zu identifizieren, nutzen Sie am besten den Google Ads Keyword Planer. Dieses Tool, das Sie über einen Google Account nutzen können, ist eigentlich von der Suchmaschine

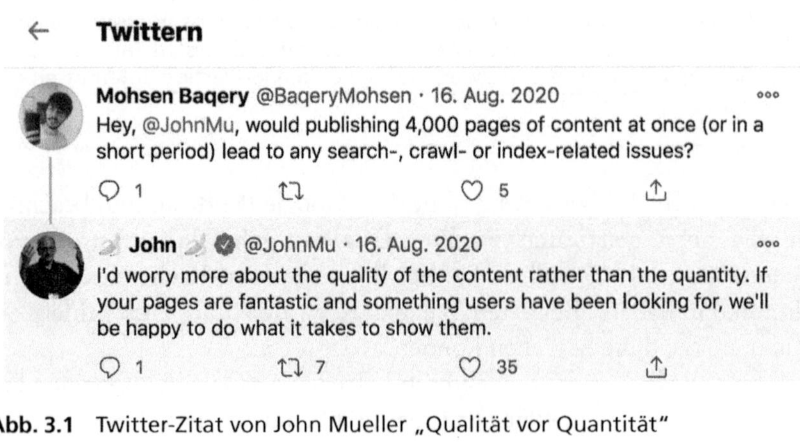

Abb. 3.1 Twitter-Zitat von John Mueller „Qualität vor Quantität“

bereitgestellt, um Google Ads optimal schalten zu können. Es eignet sich aber ebenso sehr gut, um Nutzerinteressen zu recherchieren. Denn in diesem Tool steckt die gesamte Datenbasis der Suchmaschine zu den täglichen Suchanfragen. Sie können einfach Ihr Thema bzw. ein Schlagwort (oder auch mehrere gleichzeitig) in das Tool eingeben und erhalten dann Informationen zum Suchverhalten der Nutzer. Ein Beispiel für den Suchbegriff „Buchhaltung" sehen Sie in Abb. 3.2.

Im oberen Bereich ist das Suchverhalten über 12 Monate als Grafik im Zeitverlauf zu sehen. Der Planer stellt sowohl das Suchverhalten über Desktop als auch über die mobile Suche dar. Es ist zu erkennen, dass dieses schwankt. Zu Jahresbeginn ist das Suchinteresse höher, während es im Jahresverlauf sinkt. Diese Informationen sind relevant für den Veröffentlichungszeitpunkt Ihres Contents. Sie werden mehr Traffic bekommen, wenn Sie Inhalte veröffentlichen zu Zeiten, zu

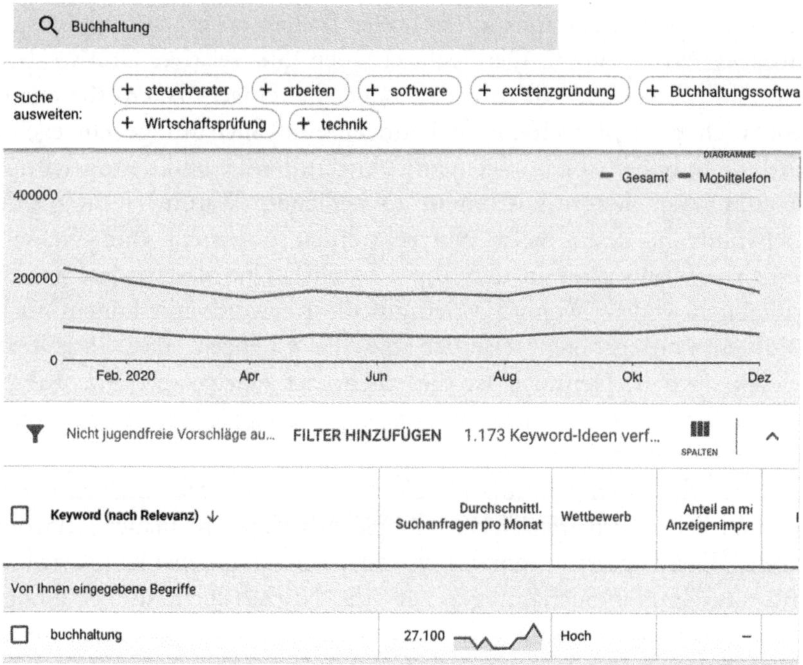

Abb. 3.2 Beispiel Daten Nutzer-Suchverhalten aus Google Ads Keyword Planer

denen das Suchvolumen höher ist. Unter der Grafik erhalten Sie dann weitere Daten zum Suchbegriff. Wichtig für Ihre Texte sind die durchschnittlichen Suchanfragen pro Monat. Diese liegen beim Beispiel „Buchhaltung" bei 27.100. Das bedeutet, dass im Durchschnitt 27.100 Nutzer nach diesem Begriff suchen. Dies ist ein recht hoher Wert.

Früher hat der Google Ads Keyword Planer immer exakte Suchvolumina pro Keyword ausgegeben:

> „Unter Suchvolumen versteht man die Anzahl an Suchanfragen, die zu einem Keyword innerhalb eines bestimmten Zeitraums erzielt oder erwartet werden. Das Suchvolumen wird als Messwert bei Keyword-Analysen eingesetzt, um den möglichen Suchmaschinen-Traffic pro Suchwort einschätzen zu können. Anhand des Suchvolumens für relevante Schlüsselbegriffe kann auch die Content-Optimierung ausgerichtet werden." (Ryte o. J.).

Seit einem Update 2016 gibt das Tool nur noch bei Ads-Konten exakte Suchvolumina an, die ein hohes Budget ausgeben, um Google-Anzeigen zu schalten. Dennoch erhalten Sie relative Größen bzw. ungefähre Bereiche, wie oft das oder die eingegebenen Keyword/s monatlich gesucht werden. Je häufiger eine Suchanfrage eingegeben wird, desto höher ist das allgemeine Nutzerinteresse und desto wichtiger ist es für Sie, diese mit Content zu bedienen. Warum? Je höher das Suchvolumen, desto mehr Nutzer werden potenziell Ihre Webseite besuchen (wenn diese in den Top-10 steht). Und das ist das, was Sie schließlich wollen. Wenn Sie sich auf die Keywords mit hohem Suchvolumen konzentrieren, erhöhen Sie die Chancen, dass Ihre Texte gelesen werden. Dennoch ist dies nicht der einzige relevante Faktor, den Sie für die Themenauswahl ansetzen sollten, wie Sie weiter unten in Abschn. 3.2 erfahren.

Neben den Suchvolumina für die Keywords, die Sie selbst aktiv eingegeben haben, erhalten Sie im Google Ads Keyword Planer Keyword-Ideen. Diese passen semantisch zu den eingegebenen Keywords und sind immer Suchanfragen, die die Nutzer ebenfalls bei Google suchen. Damit bekommen Sie bereits einige Nutzerinteressen, die zu Ihrem Thema gehören, passiv durch das Tool. Abb. 3.3 zeigt anhand des Beispiels „Buchhaltungssoftware" das Ergebnis aus dem Google

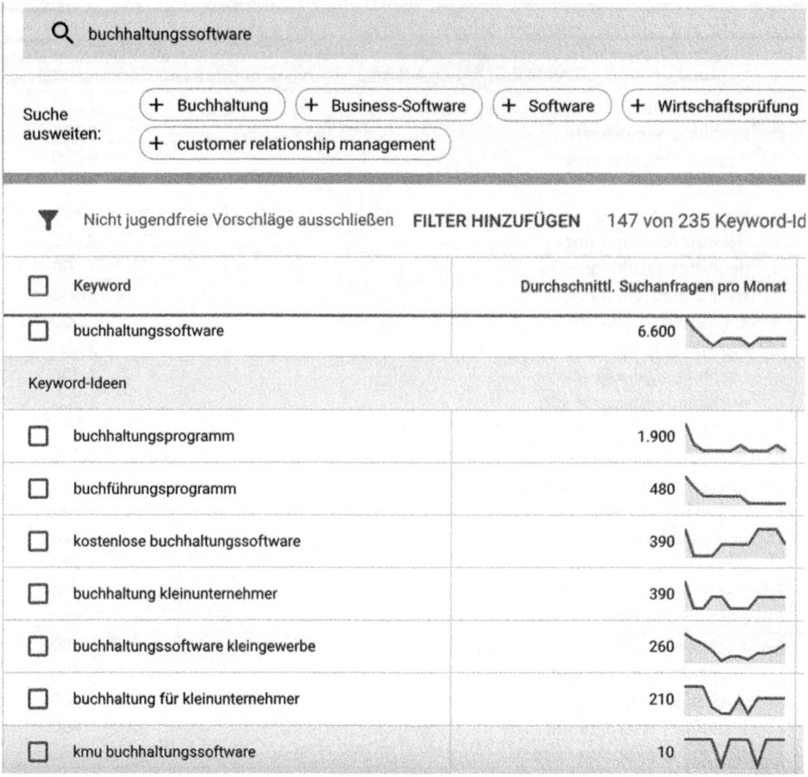

Abb. 3.3 Beispiel Keyword-Ideen aus Google Ads Keyword Planer

Ads Keyword Planer. Unter dem eingegebenen Suchbegriff sehen Sie die semantisch passenden Keyword-Ideen und bekommen so bereits ein Gefühl für das Nutzerinteresse. In unserem Beispiel wird deutlich, dass Buchhaltungssoftware anscheinend für kleine bis mittlere Unternehmen ein wichtiges Thema ist. Die Ideen sortiert das Tool nach Relevanz und Beziehung zum eingegebenen Suchbegriff. Sie können diese aber genauso nach dem Suchvolumen absteigend sortieren. Dann können Sie besser das Traffic-Potenzial (vgl. Glossar) der Keyword-Ideen abschätzen (weiter unten dazu mehr).

Folgendermaßen gehen Sie nun vor, wenn Sie Suchanfragen bzw. Nutzerinteressen für die Themen Ihrer Texterstellung identifizieren:

	A	B
1	Keyword	Durchschn. monatliches Suchvolumen
2	buchhaltung	27.100
3	buchhaltungssoftware	6.600
4	doppelte buchführung	6.600
5	buchführung	6.600
6	finanzbuchhaltung	5.400
7	debitorenbuchhaltung	4.400
8	debitorenbuchhalter	4.400
9	kreditorenbuchhaltung	3.600
10	kreditorenbuchhalter	3.600
11	finanzbuchhalter	2.400
12	buchhaltungsprogramm	1.900
13	buchhaltungsprogramme	1.900
14	buchhalterin	1.000
15	buchhaltungsservice	1.000
16	vorbereitende buchhaltung	880
17	online buchhaltung	720
18	buchhaltung online	720
19	einfache buchführung	720
20	buchführung für dummies	590
21	ordnungsgemäße buchführung	590
22	buchhaltungsbüro	590
23	buchhaltung grundlagen	480
24	buchhaltung für anfänger	480
25	buchführungsprogramm	480
26	buchhaltung für dummies	480
27	buchführungsprogramme	480
28	doppelte buchhaltung	390
29	buchführung grundlagen	390
30	digitale buchhaltung	390
31	buchhaltungskurs	320
32	vereinsbuchhaltung	320

Abb. 3.4 Beispiel Keyword-Recherche in einem Excel-Sheet

- Um Ihre Keyword-Recherche zu erfassen, verwenden Sie am einfachsten ein Excel-Sheet. Abb. 3.4 zeigt Ihnen beispielhaft, wie dies aussehen kann.
- Geben Sie dann als erstes das Thema für Ihre Seite ein, z. B. „Buchhaltung".
- Erfassen Sie das Suchvolumen zu Ihrem Thema.

- Prüfen Sie dann die Keyword-Ideen und übertragen Sie diejenigen in die Excel, die Sie bedienen möchten. Das Suchvolumen ist eine Größe, an der Sie sich für die Auswahl orientieren können. Sie können die Daten aus dem Tool auch exportieren, müssen dann jedoch noch händisch auswählen, welche Keywords als Themen infrage kommen.
- Wenn Sie mit dem ersten Ergebnis im Tool fertig sind, verfeinern Sie die Recherche. Geben Sie nun weitere Keywords rund um das Thema „Buchhaltung" ein. Das können Synonyme sein wie „Buchführung " (siehe Abb. 3.4), Kombinationen mit dem Wort „Buchhaltung", die auch als Longtail-Keywords bekannt sind wie „online Buchhaltung" (siehe Abb. 3.4) oder auch weitere Ideen, die Ihnen das Tool angegeben hat wie „Vereinsbuchhaltung" oder „Finanzbuchhalter" (siehe Abb. 3.4).
- Wiederholen Sie den Vorgang solange, bis Sie Ihrer Meinung nach genug Themen gesammelt haben, die für Ihre Website wichtig sind.

Wenn Sie exakte Suchvolumina erhalten möchten und keine Google Ads schalten bzw. ein geringes Kampagnenbudget haben, dann ist der Keyword Planer leider nicht mehr das richtige Tool für Sie. Es gibt jedoch kostenlose und kostenpflichtige Alternativen, die Ihnen die Suchvolumina aus dem Google Ads Keyword Planer auch anzeigen. Als Alternative eignen sich zudem einige klassische SEO-Tools: Searchmetrics, Sistrix oder auch ahrefs bieten u. a. die Möglichkeit zur Keyword-Recherche. Die dort angegebenen Suchvolumina orientieren sich an Daten von Google. Bei einem Vergleich sind sie aber nicht hundertprozentig identisch mit denen aus dem Google Ads Keyword Planer. Dennoch eignen sich diese Tools genauso zur Keyword-Recherche – die Höhe der Suchvolumina betrachten Sie dann einfach relativ, da die Relationen passen. Wenn im Google Ads Keyword Planner ein Keyword ein höheres Suchvolumen hat als ein Synonym, dann hat es das auch in den anderen Tools. Tab. 3.1 gibt Ihnen einen Überblick über mögliche Keyword-Recherche-Tools.

Tab. 3.1 Überblick über mögliche Keyword-Recherche-Tools

Tools	Nutzen/Funktion/Art	Kosten
Google Ads Keyword Planer; das Pendant für die Suchmaschine Bing ist der Bing Keyword-Planer, der auf indexbasierten Suchvorgängen in Bing basiert	• Identifizieren von Nutzerinteressen • Festlegen von Themen für die Texterstellung • Definieren von Fokus-Keywords • Recherchieren von Keyword-Ideen • Prüfen von Suchvolumina • Für verschiedene Sprachen nutzbar	Kostenfrei über einen Google Ads Account; https://ads.google.com/intl/de_de/home/tools/keyword-planner/
Ubersuggest	• Identifizieren von Nutzerinteressen • Festlegen von Themen für die Texterstellung • Definieren von Fokus-Keywords • Recherchieren von Keyword-Ideen • Prüfen von Suchvolumina • Content-Ideen • Für verschiedene Sprachen nutzbar	Kostenfrei über den Browser aufrufbar: https://neilpatel.com/de/ubersuggest/
Keywordtools.org	• Identifizieren von Nutzerinteressen • Festlegen von Themen für die Texterstellung • Definieren von Fokus-Keywords • Recherchieren von Keyword-Ideen • Prüfen von Suchvolumina • Nur für Deutsch möglich	Kostenfrei über den Browser aufrufbar: https://www.keywordtools.org/; begrenzt auf 5 Abfragen am Tag
Searchmetrics	• Identifizieren von Nutzerinteressen • Festlegen von Themen für die Texterstellung • Definieren von Fokus-Keywords • Recherchieren von Keyword-Ideen • Prüfen von Suchvolumina • Für verschiedene Sprachen nutzbar	Kostenpflichtig; https://www.searchmetrics.com/

(Fortsetzung)

Tab. 3.1 (Fortsetzung)

Tools	Nutzen/Funktion/Art	Kosten
Sistrix	• Identifizieren von Nutzerinteressen • Definieren von Fokus-Keywords • Prüfen von Suchvolumina, allerdings nur Bereiche, keine exakten Werte • Für verschiedene Sprachen nutzbar	Kostenpflichtig; https://www.sistrix.de/
Ahrefs	• Identifizieren von Nutzerinteressen • Festlegen von Themen für die Texterstellung • Definieren von Fokus-Keywords • Recherchieren von Keyword-Ideen • Prüfen von Suchvolumina für Google, YouTube, Amazon und Bing • Identifizieren von W-Fragen, die die Nutzer bei Google eingeben • Für verschiedene Sprachen nutzbar	Kostenpflichtig; https://ahrefs.com/de/
Keywordtool.io	• Identifizieren von Longtail-Keywords (Wort-Kombinationen mit einem Fokus-Keyword) • Identifizieren von mehrteiligen Suchanfragen (Phrasen) zu einem Thema	Kostenfrei über den Browser aufrufbar: https://keywordtool.io/
Answerthepublic	• Identifizieren von Longtail-Keywords (Wort-Kombinationen mit einem Fokus-Keyword) • Identifizieren von mehrteiligen Suchanfragen (Phrasen) zu einem Thema • Identifizieren von W-Fragen, die die Nutzer bei Google eingeben	Kostenfrei über den Browser aufrufbar: https://answerthepublic.com/

(Fortsetzung)

Tab. 3.1 (Fortsetzung)

Tools	Nutzen/Funktion/Art	Kosten
W-Fragen-Tool.com	• Identifizieren von Longtail-Keywords (Wort-Kombinationen mit einem Fokus-Keyword) • Identifizieren von mehrteiligen Suchanfragen (Phrasen) zu einem Thema • Identifizieren von W-Fragen, die die Nutzer bei Google eingeben	Kostenfrei über den Browser aufrufbar: https://www.w-fragen-tool.com/
Alsoasked.com	• Identifizieren von W-Fragen, die die Nutzer bei Google eingeben	Kostenfrei über den Browser aufrufbar: https://alsoasked.com/
Ryte	• Identifizieren von relevanzsteigernden Keywords in vielen Sprachen	Kostenpflichtig; https://de.ryte.com/
Termlabs	• Identifizieren von relevanzsteigernden Keywords in Deutsch	Kostenpflichtig; https://termlabs.io/

2.Schritt: Themen auswählen bzw. Fokus-Keywords bestimmen

Jede Ihrer Seiten hat ein Thema und jedes Thema bzw. jede Seite hat ein Fokus-Keyword, auf das diese primär optimieren sollten. Sie wählen daher aus Ihrer Keyword-Recherche nun die Suchanfragen aus, die zum Thema werden. Die Suchanfrage aus Ihrer Liste, die Sie als Thema auswählen, entspricht dabei auch dem Fokus-Keyword für Ihren Text.

Gehen Sie bei der Auswahl der Themen, wie folgt, vor:

- Schauen Sie sich das Ergebnis Ihrer Keyword-Recherche an und wählen Sie die Suchanfragen aus, die Ihrer Meinung nach gute Themen für Ihre Seiten sind.
- Sortieren Sie diese nach Suchvolumen – So erhalten Sie eine Liste an Themen mit absteigendem Traffic-Potenzial (vgl. Glossar).
- Sie können das Thema später noch anpassen. Die ausgewählte Suchanfrage entspricht aber in jedem Fall dem Fokus-Keyword, das für die Suchmaschinenoptimierung essenziell ist. Aus der Suchanfrage

„Buchhaltung“ (siehe Abb. 3.4) können Sie das Thema „Grundlagen der Buchhaltung – Buchführung für Anfänger“ ableiten. Fokus-Keyword ist dann „Buchhaltung Grundlagen“.

- Die Keywords, die Sie nicht als Themen bzw. Fokus-Keywords definiert haben, sind für Sie später noch einmal relevant, wenn Sie ein Keyword-Set pro Seite/Thema erstellen. Löschen Sie diese daher nicht, sondern speichern Sie diese in einem Extra-Tab oder einer separaten Spalte Ihres Excel-Sheets.

3. Schritt: Keyword-Set erstellen

Nachdem Sie die Nutzerinteressen rund um Ihr zentrales Thema identifiziert haben, legen Sie nun im dritten Schritt der Keyword-Recherche die Wortwolke, im Fachjargon das Keyword-Set, fest.

Ein Keyword-Set besteht aus folgenden Bestandteilen:

- **Fokus-Keyword** – das Wort oder die Phrase, auf die Sie Ihren Text primär optimieren
- **Neben-Keywords** – Synonyme zum Fokus-Keywords, die ein geringeres Suchvolumen haben, sowie Longtail-Keywords (Wortkombinationen mit dem Fokus-Keyword)
- **W-Fragen,** die die Nutzer bei Google ebenfalls eingeben; seitdem die Sprachsuche immer mehr genutzt wird, steigt auch die Zahl an längeren Fragen, die bei Google gesucht werden. Diese haben zwar in der Regel kein hohes Suchvolumen, da Fragen individueller gestellt werden als Anfragen in Wort- oder Phrasen-Form. Jedoch geben Sie sehr viel Aufschluss über die Nutzerinteressen. Sie sollten diese daher auf jeden Fall im Content berücksichtigen. Näheres dazu weiter unten in Abschn. 3.6.
- **Relevanzsteigernde Keywords, sog. WDF*IDF-Keywords** (vgl. Glossar). Dabei handelt es sich um Wörter, die im Content der Seiten, die bereits für eine Suchanfrage bei Google in den Top-10 ranken, enthalten sind. Diese stehen semantisch im Zusammenhang mit der Suchanfrage. Das heißt, sie gehören zum einen zu deren Wortwolke und zum anderen erwartet die Suchmaschine diese im Content. Je häufiger ein Wort in den Top-10-Ergebnissen vorkommt und auf je mehr Seiten es vorkommt, desto höher ist

seine Gewichtung – sprich desto mehr Relevanz gibt es Ihrer Seite. Diese Wörter sollten Sie ebenfalls für Ihren Text verwenden, da Ihre Seite dadurch automatisch relevanter für die Suchmaschinen ist und bessere Rankings erzielen kann. Praxis-Tests haben bereits vielfach gezeigt, wie effektiv eine sog. WDF*IDF-Optimierung ist. Die Wörter, die die Top-10 im Content enthalten, in den eigenen Text einzubauen, kann in kurzer Zeit deutliche Rankingverbesserungen ergeben. Das ist insbesondere dann der Fall, wenn eine Seite für eine Suchanfrage bereits auf Seite 2 der Suchergebnisse (in der Regel Pos. 11–20) rankt. Durch die WDF*IDF-Keywords erhalten die Inhalte Relevanz, die aktuell für die Suchmaschinen noch fehlt (daher nur ein Ranking auf Position 2).

WDF*IDF-Keywords: within **d**ocument **f**requency * **i**nverse **d**ocument **f**requency – Also: Wie oft kommt ein Wort/eine Phrase in einem Dokument vor? * Wie oft kommt ein Wort/eine Phrase in allen relevanten Dokumenten vor?

Bei einer WDF*IDF-Analyse untersuchen entsprechende Tools die Seiten, die für ein Keyword am besten ranken. Dabei betrachten sie das Verhältnis der dort vorkommenden Begriffe und geben an, wie oft ein Texter bestimmte Wörter verwenden sollte.

Für das Keyword-Set sollten Sie nicht nur ein Tool verwenden, sondern mehrere. So erhalten Sie eine möglichst breite Datenbasis. Es gibt zahlreiche Keyword-Recherche-Tools, die Ihnen zur Verfügung stehen. Einige sind kostenfrei, andere sind kostenpflichtig. Die Ergebnisse ähneln sich, die kostenfreien Alternativen sind nicht schlechter als die kostenpflichtigen. Sie haben in der Regel jedoch einen geringeren Funktionsumfang. So bieten sie beispielsweise nicht immer die Möglichkeit, sich die recherchierten Keywords abzuspeichern oder herunterzuladen. Auch Monitorings sind mit kostenfreien Tools meistens nicht möglich.

Tab. 3.1 gibt einen Überblick über die verschiedenen Tools, ohne Anspruch auf Vollständigkeit, da sich die Tool-Landschaft dauernd verändert. Es kommen immer wieder Tools hinzu, manche werden kostenpflichtig, nachdem sie eine zeitlang kostenfrei verfügbar waren.

Egal ob kostenfrei oder kostenpflichtig – nutzen Sie für das Keyword-Set immer mehrere Tools. Auch wenn sich die Ergebnisse ähneln, gibt es doch Unterschiede. Nicht nur in den Suchvolumina, sondern vor allem auch bei den Ideen. Hier können Sie mit mehreren Tools eine breitere und differenziertere Datenbasis erhalten. Je größer Ihre Wortwolke für den Text ist, desto mehr Relevanz können Sie Ihren Inhalten geben. Ein Keyword-Set besteht daher – je nach Thema und Suchanfrage – aus 15 bis 60 Keywords. Um diese zu finden, sollten Sie neben einem Tool, das Ihnen das (exakte oder relative) Suchvolumen Ihrer Fokus-Keywords angibt, auch immer je ein Longtail-Keyword-Tool, eines für die Recherche von W-Fragen und eines für die relevanzsteigernden WDF*IDF-Keywords verwenden.

Gehen Sie bei der Recherche des Keyword-Sets, wie folgt, vor:

- Bestimmen Sie zunächst das Fokus-Keyword für die Seite/den Text (siehe oben).
- Geben Sie das Fokus-Keyword in ein Longtail-Keyword-Tool ein und notieren oder exportieren Sie alle Wortkombinationen, die für Ihren Text relevant sind (dies ist abhängig vom Thema Ihres Contents).
- Geben Sie das Fokus-Keyword in ein W-Fragen-Tool ein und notieren oder exportieren Sie wieder alle Fragen oder Phrasen, die semantisch zu Ihrem Text-Thema gehören.
- Geben Sie nun das Fokus-Keyword in ein WDF*IDF-Tool ein und filtern Sie das Ergebnis nach Relevanz. Diese Funktion bieten eigentlich alle WDF*IDF-Tools. Aus gutem Grund: Die Tools geben nämlich so gut wie alle Wörter an, die im Content der Top-10 enthalten sind. Darunter sind auch Wörter, die nur auf einer Seite in den Top-10 vorkommen. Diese sind aber nicht so wichtig für Sie wie diejenigen, die auf vielen oder sogar allen Seiten in den Top-10 im Inhalt zu finden sind. Damit Sie sich nicht bis zur Unendlichkeit optimieren, verwenden Sie wirklich nur die Wörter, die Ihrem Text die meiste Relevanz geben können. Je nach Thema sollten es etwa 10 bis 20 Wörter sein.

Abb. 3.5 zeigt ein Keyword-Set für eine Seite, die über „Grundlagen der Buchhaltung“ informiert.

	A	B	C
1	**Keyword**	**monatliches Suchvolumen**	**Funktion**
2	**Buchhaltung Grundlagen**	**480**	**Hauptkeyword**
3	Bilanzbuchhaltung	8.100	Nebenkeyword
4	doppelte Buchführung	6.600	Nebenkeyword
5	Finanzbuchhaltung	5.400	Nebenkeyword
6	Lohnbuchhaltung	4.400	Nebenkeyword
7	Debitorenbuchhaltung	4.400	Nebenkeyword
8	Kreditorenbuchhaltung	3.600	Nebenkeyword
9	Buchhaltung lernen	1.900	Nebenkeyword
10	Anlagenbuchhaltung	1.900	Nebenkeyword
11	Buchhaltung Aufgaben	1.000	Nebenkeyword
12	einfache Buchführung	720	Nebenkeyword
13	ordnungsgemäße Buchführung	590	Nebenkeyword
14	Buchhaltung für Anfänger	480	Nebenkeyword
15	Buchhaltung selber machen	320	Nebenkeyword
16	Buchhaltung Kleinunternehmer	320	Nebenkeyword
17	Buchhaltung einfach erklärt	260	Nebenkeyword
18	Buchhaltung Freiberufler	170	Nebenkeyword
19	Buchungssatz	k.A.	relevanzsteigerndes WDF*IDF Keyword
20	Konten	k.A.	relevanzsteigerndes WDF*IDF Keyword
21	Geschäftsvorfälle	k.A.	relevanzsteigerndes WDF*IDF Keyword
22	Kontenrahmen	k.A.	relevanzsteigerndes WDF*IDF Keyword
23	Belege	k.A.	relevanzsteigerndes WDF*IDF Keyword
24	Bilanzierung	k.A.	relevanzsteigerndes WDF*IDF Keyword
25	Verlustrechnung	k.A.	relevanzsteigerndes WDF*IDF Keyword
26	Finanzamt	k.A.	relevanzsteigerndes WDF*IDF Keyword
27	Geschäftsjahr	k.A.	relevanzsteigerndes WDF*IDF Keyword
28	Gewinn	k.A.	relevanzsteigerndes WDF*IDF Keyword
29	Kassenbuch	k.A.	relevanzsteigerndes WDF*IDF Keyword
30	Erträge	k.A.	relevanzsteigerndes WDF*IDF Keyword
31	HGB	k.A.	relevanzsteigerndes WDF*IDF Keyword
32	Rechnung	k.A.	relevanzsteigerndes WDF*IDF Keyword
33	Einnahmen	k.A.	relevanzsteigerndes WDF*IDF Keyword
34	Aufzeichnungen	k.A.	relevanzsteigerndes WDF*IDF Keyword
35	Eigenkapital	k.A.	relevanzsteigerndes WDF*IDF Keyword
36	Verbindlichkeiten	k.A.	relevanzsteigerndes WDF*IDF Keyword
37	Forderungen	k.A.	relevanzsteigerndes WDF*IDF Keyword
38	Leistungen	k.A.	relevanzsteigerndes WDF*IDF Keyword
39	Vorgänge	k.A.	relevanzsteigerndes WDF*IDF Keyword
40	gesetzlich	k.A.	relevanzsteigerndes WDF*IDF Keyword
41	Definition: Was ist Buchhaltung?	k.A.	W-Frage
42	Welche gesetzlichen Grundlagen der Buchführung sind zu beachten?	k.A.	W-Frage
43	Welche Grundlagen der Buchführung gelten für mich?	k.A.	W-Frage
44	Buchhaltung für Selbstständige & Unternehmen: Was ist wann zu tun?	k.A.	W-Frage
45	Was sind die Aufgaben der Buchhaltung?	k.A.	W-Frage
46	Welche Arten von Büchern gibt es in der Buchhaltung?	k.A.	W-Frage
47	Was sind die Grundlagen der doppelten Buchführung?	k.A.	W-Frage
48	Händische Buchhaltung oder Buchhaltungssoftware?	k.A.	W-Frage
49			

Abb. 3.5 Keyword-Set für „Grundlagen der Buchhaltung"

Wie die Kapitelüberschrift schon besagt: Die Keywords sind die BASIS für Ihre Texterstellung. Sie wissen durch sie, was die Nutzer interessiert und was die Suchmaschinen erwarten, um eine Seite als relevant für eine Suchanfrage einzustufen. Wenn Sie diese verwenden, sind Sie ein ganzes Stück an dem Ziel, dass Ihre Texte gelesen werden. Denn so können diese gefunden werden in der breiten Fülle an Inhalten im Netz. Was Sie nicht machen sollten: Einfach wahllos alle Keywords zu verwenden, die Ihnen die diversen Tools angeben. Damit können Sie schnell im wahrsten Sinne des Wortes den Faden verlieren. Wählen Sie daher gezielt die Wörter und Wort-Kombinationen aus, aus denen Sie eine sinnvolle Gliederung für Ihren Text erstellen können. Die Tools wissen nämlich nicht, was Sie schreiben wollen, und geben Ihnen tatsächlich die gesamte Bandbreite an Möglichkeiten an. Ihr Text muss aber eine runde Sache sein.

Abb. 3.6 zeigt, wie Sie aus dem Keyword-Set für das Thema „Grundlagen der Buchhaltung – Buchführung für Anfänger“ eine sinnvolle Gliederung erstellen.

3.2 Suchanfragen richtig bedienen

Die Keyword-Recherche zeigt Ihnen, welche Suchanfragen Sie rund um Ihr zentrales Thema bedienen können. Damit Ihre Texte Gefallen finden und gelesen werden, sollten Sie die Suchanfragen aber auch richtig bedienen. Hierfür relevant ist die Suchintention hinter den Suchanfragen. Man unterscheidet zwischen (searchmetrics o. J. b):

- **Informational** – der Nutzer möchte sich informieren, er möchte mehr über den Suchbegriff/das Keyword, das er eingegeben hat, erfahren.

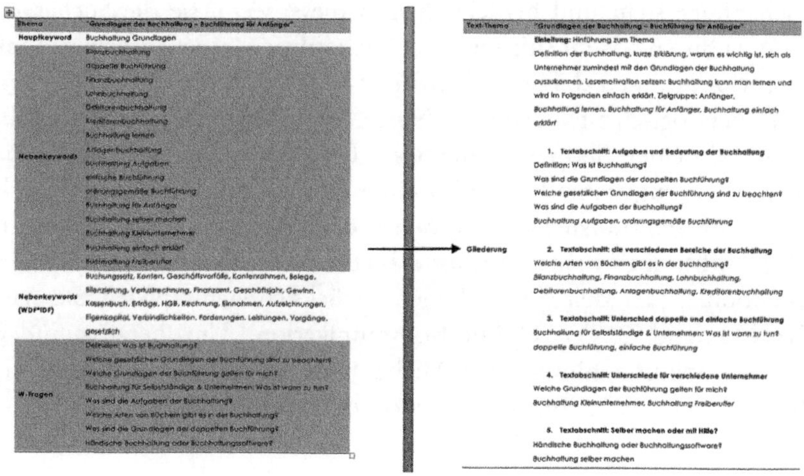

Abb. 3.6 Gliederung aus dem Keyword-Set für „Grundlagen der Buchhaltung“

- **Transaktional** – der Nutzer will eine Transaktion (in der Regel einen Kauf, oder aber auch eine Newsletter-Anmeldung etc.) tätigen.
- **Navigational** – der Nutzer möchte eine bestimmte Seite finden, indem er bspw. einen Markennamen oder den Namen eines Restaurants eingibt.

Für die Texterstellung zu berücksichtigen sind informationale und transaktionale Intentionen. Denn je nachdem, welchen Zweck Ihre Website hat, hat auch sie eine transaktions- oder eine informationsorientierte Intention. Sprich: Sie haben einen Shop und möchten etwas verkaufen oder Sie möchten die Nutzer mit Ihrem Magazin, Blog oder Portal, Ihrem Whitepaper oder E-Book informieren. **Ihre Intention und die Intention des Nutzers müssen übereinstimmen. Anderenfalls wird der Nutzer Ihre Webseite wieder verlassen, da Sie ihm nicht das bieten, was er sucht.** Aus diesem Grund sind Sie mit Ihrer Keyword-Recherche noch nicht fertig, wenn Sie die für Ihr Thema relevanten Suchanfragen identifiziert haben. Sie müssen noch prüfen, welche Intention dahintersteht, um sie richtig bedienen zu können.

Erinnern wir uns noch einmal kurz an die Spielregeln 1 und 2 der Online-Kommunikation. Ihre Webseite muss erst einmal auffindbar sein. Die Suchmaschinen wissen, welche Suchintention hinter einer Suchanfrage steht und berücksichtigen diese, wenn sie die Suchergebnisse auflisten. **Steht hinter der Suchanfrage eine informationale Intention, ranken daher auch primär Seiten gut, die diese bedienen.** Was auch logisch ist – denn ein Nutzer, der nach Informationen sucht, kann mit einer Shopseite, die ihm Produkte präsentiert nicht viel anfangen. **Umgekehrt befriedigt einen Nutzer mit einer Kaufabsicht keine informationsorientierte Seite, die zwar gute Ratschläge und Tipps gibt, aber keine Produkte bietet.** Wenn Sie also die jeweilige Intention hinter den Suchanfragen berücksichtigen, spielen Sie nach Regel 1 und 2 der Online-Kommunikation. Um herauszufinden, welche Intention hinter einer Suchanfrage steht, brauchen Sie keine Tools. Sie müssen dafür lediglich googeln:

- Geben Sie die Suchanfrage bei Google oder einer anderen Suchmaschine in den Suchschlitz ein.
- Schauen Sie sich die Top-10 der Suchergebnisse genau an.
- Es ranken **nur informationsorientierte Seiten** → die Suchintention ist informational, Sie sollten ebenfalls **informationalen Content** bieten.
- Es ranken **nur transaktionsorientierte Seiten,** sprich: **Kategorie- oder Produktseiten** von Shops → die Suchintention ist transaktional; wenn Sie keinen Shop betreiben, wird es schwierig, für eine transaktionale Suchanfrage in die Top-10 zu kommen.
- Es ranken **sowohl informationsorientierte als auch transaktionsorientierte Seiten** → die Suchintention ist **gemischt.** Das heißt, Sie haben genauso die Chance mit einer Informationsseite in die Top-10 zu kommen wie mit einer Shopseite.

Sie sollten daher unbedingt für jedes Keyword aus Ihrer Recherche prüfen, welche Suchintention dahintersteht. Denn so sehen Sie, mit welchen Inhalten Sie überhaupt Chancen auf die Top-10 in den Suchergebnissen haben.

Schauen wir uns hierzu ein paar Beispiele an. In Abb. 3.7 sehen Sie ein rein informationales Suchergebnis. Nutzer, die den Suchbegriff „Hund zittert" eingeben, wollen Informationen erhalten. Es ranken lediglich Magazine, Blogs und Wissensportale. Sehr prominent ist über den Suchergebnissen ein Featured Snippet (siehe Abschn. 3.9) zu sehen. Dieses beantwortet direkt kurz und knapp als Antwortbox die Suchanfrage des Nutzers, ohne dass er auf ein Suchergebnis klicken muss. Es zählt daher als sogenannter No-Click-Search (vgl. Glossar). Nutzer, die mehr Informationen als diese kurze Antwort wollen, werden jedoch sich trotzdem eines der Suchergebnisse auswählen. Google zieht sich die Informationen für diese Antwortbox aus dem Inhalt einer der Top-10-Ergbenisse. Darunter sieht man ein FAQ-Snippet (siehe Abschn. 3.9). Klickt man auf eine der Fragen, öffnet sich darunter ebenfalls eine kurze Antwort, die von einer der Top-10-Ergbnisse stammt. Durch strukturierte Daten haben Sie die Chance, in ein solches Snippet mit

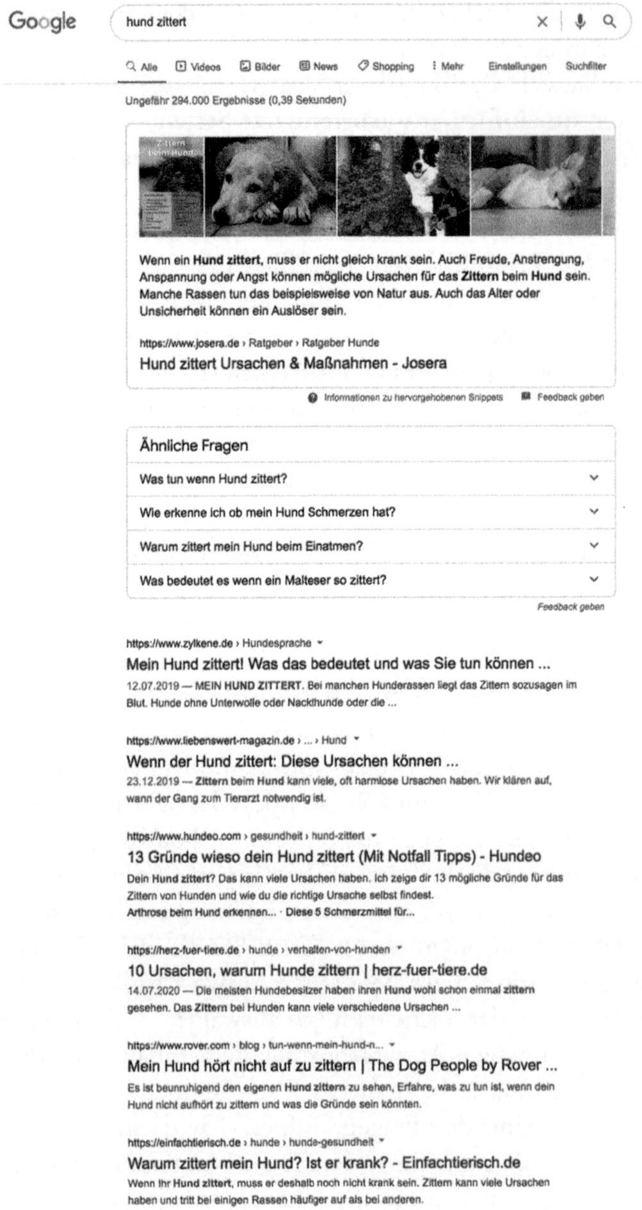

Abb. 3.7 Beispiel für ein rein informationales Suchergebnis

Ihren Inhalten zu kommen. Da diese prominent dargestellt sind, ist die Wahrscheinlichkeit, dass die Nutzer Ihr Suchergebnis wählen, erhöht.

Abb. 3.8 stellt das Suchergebnis für „Damen Jeans“ dar. Dieses ist ein rein transaktionales – die Nutzer, die nach diesem Begriff suchen, wollen das Kleidungsstück für Damen kaufen. Typischerweise stehen daher über den organischen Suchergebnissen (vgl. Glossar) die Google Ads, die konkrete Produkte bewerben.

Abb. 3.9 zeigt ein Beispiel für ein gemischtes Suchergebnis für den Suchbegriff „Buchhaltung“. Die meisten Suchergebnisse hier sind Lexikon- oder Blogseiten mit informationalen Inhalten zum Thema „Buchhaltung“. Google erkennt, dass sich die Nutzer mit diesem Suchbegriff informieren möchten. Jedoch scheint das nicht auf alle Nutzer zuzutreffen, ein Teil möchte anscheinend auch direkt eine Lösung für ihre Buchhaltung durch eine Software. Abzulesen ist dies daran, dass neben den Ergebnissen auf Seite 1 auch eine Shopseite des Software-Herstellers Lexware rankt. Webseitenbetreiber haben als auch die Chance, mit transaktionalen Inhalten in die Top-10 zu kommen für diesen Suchbegriff. Allerdings ist dies nicht leicht, da nur einer der Treffer eine Shopseite ist. Unter den anderen Treffern sind zwar ebenfalls Software-Hersteller, diese ranken aber mit informationalen Inhalten. Sie versuchen über Informationen den Nutzer auf ihre Seite zu bekommen und über diesen Umweg auf ihre Software aufmerksam zu machen.

3.3 Best Practices: Erstellung von Webseiten-Content

Webseiten-Content ist transaktionsorientiert oder informationsorientiert, einen Überblick, wie die verschiedenen Arten zu den Intentionen zuzuordnen sind, gibt Tab. 3.2.

Je nach Text-Art und Intention sollten Sie auf verschiedene Aspekte achten. Es gibt für jede Text-Art „Best Practices“, die im Folgenden dargestellt werden.

Abb. 3.8 Beispiel für ein rein transaktionales Suchergebnis

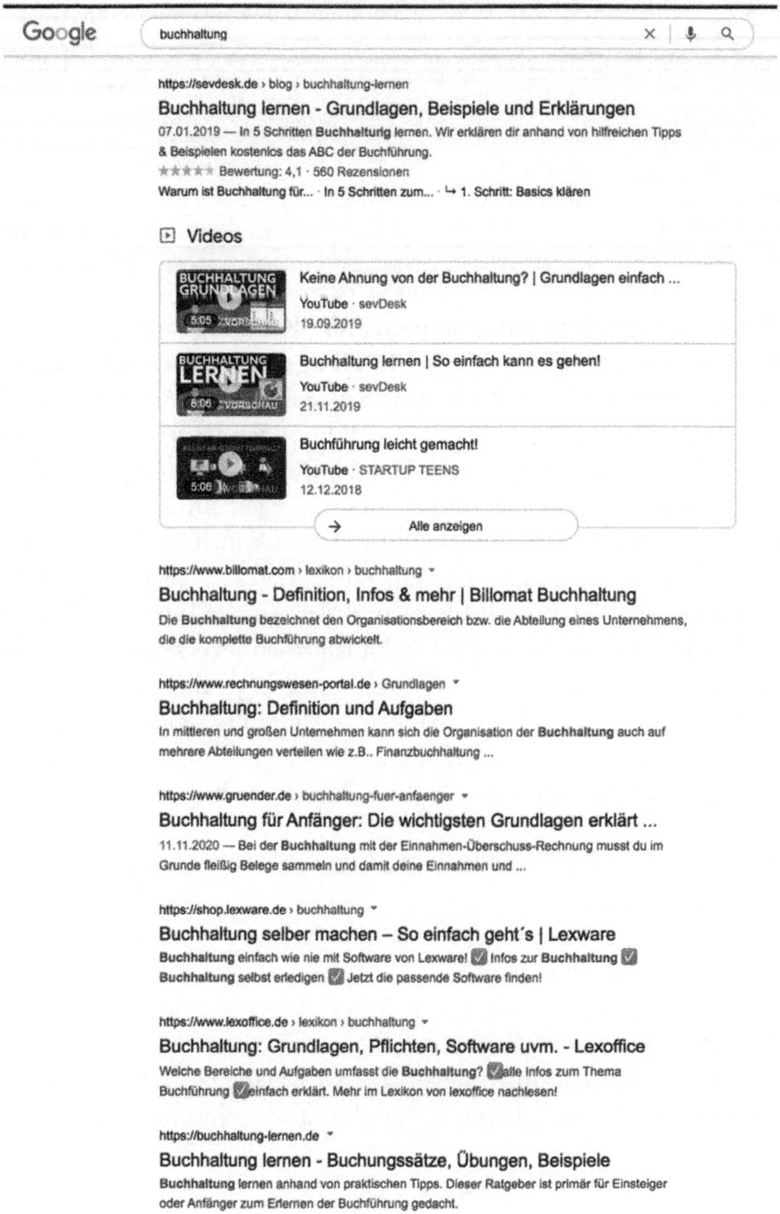

Abb. 3.9 Beispiel für ein gemischtes (transaktional & informational) Suchergebnis

Tab. 3.2 Content- bzw. Text-Arten zugeordnet zu den Suchintentionen

Content- bzw. Text-Art	Suchintention
Kategorietext	Transaktional
Produkttext	Transaktional
Ratgebertext	Informational
Blog-, News- oder Magazin-Text	Informational
Whitepaper und E-Books	Informational
Lexikon-Texte	Informational

Texte für Kategorieseiten schreiben – die Kaufratgeber

Kategorietexte sollten immer als Kaufratgeber geschrieben werden – und dies sollten Sie wirklich wörtlich verstehen: Der Text soll den Nutzer *beim Kauf beraten.* Denn im Online-Handel fehlt der Verkaufsberater des stationären Handels. Der Nutzer sieht sich dem Sortiment alleine gegenüber und hat immer einige Fragen im Kopf. Denn jede Kaufentscheidung ist mit einem Informationsdefizit verbunden, das es bis zum Kauf zu beseitigen gilt. Ein Kategorietext als Kaufratgeber hilft dem Nutzer bei der Entscheidung und der Auswahl der verschiedenen Produktvarianten (z. B. welche Schnittformen bei Jeans zu welchem Figurtyp passen oder welchen Funktionsumfang die für ihn passende Buchhaltungssoftware braucht). Der Text sollte daher nicht allein das Sortiment beschreiben oder gar die Geschichte eines Produktes/Kleidungsstück. Stattdessen sind diese Punkte wichtig:

- Geben Sie einen Überblick über das gesamte Sortiment in einer Produktkategorie.
- Stellen Sie die Vorteile der Produkt-Varianten vorstellbar und verständlich gegenüber.
- Beschreiben Sie verschiedene Anwendungssituationen für unterschiedliche Produkt-Varianten.
- Geben Sie Kauf-Empfehlungen für verschiedene Zielgruppen (z. B. Singlehaushalt vs. 5-köpfige Familie oder Einzelunternehmer vs. KMU).
- Beantworten Sie kaufentscheidende Fragen der Nutzer; hier helfen zum einen die W-Fragen aus der Keyword-Recherche, zum anderen können Sie hierfür auf konkrete Kundenfragen, z. B. aus Ihrem

Service, zurückgreifen. Sie können am Ende einer Kategorieseite auch FAQ zur Produktkategorie anfügen. Wenn Sie diese entsprechend mit strukturierten Daten auszeichnen, können diese als FAQ Snippet in den Suchergebnissen erscheinen und mehr Aufmerksamkeit bei den Nutzern erzielen (mehr dazu in Abschn. 3.9).

> Je erklärungsbedürftiger und teurer die Produkte einer Kategorie sind, desto umfangreicher sollte der Kaufratgeber sein. Denn je kostspieler die Entscheidung, desto länger dauert sie und desto mehr Fragen hat der Nutzer. Das Ziel ist immer, das Informationsdefizit so zu beseitigen, dass sich der Nutzer für ein Produkt Ihres Kategoriesortiments entscheiden kann.

Texte für Produktseiten schreiben – die Conversionförderer

Auf der Produktseite findet die eigentliche Kaufentscheidung statt. Dessen sollten Sie sich immer bewusst sein. Das heißt, selbst wenn es der Nutzer bis hierhin geschafft hat, ist Ihnen der Kauf noch nicht sicher. Die Produktseite muss das letzte Informationsdefizit, das der Nutzer bei der Kaufentscheidung hat, beseitigen. Eine stichpunktartige Aufzählung von Eigenschaften oder ein fünfzeiliger Standardtext können diesen Informationsbedarf nicht stillen. Selbst wenn Sie sämtliche Produkteigenschaften stichpunktartig auflisten, werden nicht alle Fragen des Nutzers beantwortet, da sie nicht im Zusammenhang, in einem vorstellbaren und verständlichen Kontext dargestellt sind. Der Nutzer müsste selbst nach den Antworten suchen. Wenn noch Fragen offen bleiben, wird der Nutzer mit großer Wahrscheinlichkeit den Kauf nicht bei Ihnen abschließen. In vielen Fällen wird er zur Google-Suche zurückkehren und eine neue Suchanfrage starten oder ein anderes Suchergebnis auswählen. Neben Informationen über das Produkt sind Meta-Informationen über den Bestell- und Kaufprozess entscheidend. Der Nutzer will nicht nur wissen, dass er sich für das richtige Produkt entscheidet, sondern auch, dass er Ihnen als Verkäufer vertrauen kann. Daher sind bei Produktseiten nicht nur die Texte an sich wichtig, sondern weitere Aspekte, die Ihre Vertrauenswürdigkeit erhöhen.

Sie sollten Folgendes beachten:

- Beschreiben Sie ein Produkt so detailgenau wie nötig und so kurz wie möglich.
- Stellen Sie die Produktvorteile einfach und anschaulich dar, sodass diese für jeden verständlich und nachvollziehbar sind.
- Zählen Sie die wichtigsten Nutzervorteile in einem übersichtlichen Layout, das den Nutzen klar hervorhebt, auf. Ideal sind Bullet Points, die insbesondere die differenzierenden und leistungsbegeisternden Merkmale des Produkts auflisten.
- Beantworten Sie konkrete und kaufentscheidende Fragen zum Produkt. Greifen Sie auf Daten aus dem Service/der Kundenberatung zurück. Hierbei hilft es, die Brille des Nutzers aufzusetzen und die Produktinformationen, die für ihn relevant sind, zu beschreiben.
- Schaffen Sie Vertrauen durch Meta-Details wie Lieferzeiten, Verfügbarkeit, Zahlungsmodalitäten etc.
- Demonstrieren Sie Vertrauenswürdigkeit mit Trustelementen wie Bewertungen, Zertifizierungen etc.
- Wenn möglich: Verwenden Sie eigene Bilder und ggf. Videos, auch dann, wenn Sie Retailer sind und die Produkte nicht selbst herstellen, sondern von einem Hersteller beziehen und weiterverkaufen.

Abschn. 3.7 wird noch genauer auf die Bedeutung von Bildmaterial bei Webseiten-Content eingehen. Jedoch sei an dieser Stelle bereits schon einmal gesagt: Ein Produkt möchte während der Kaufentscheidung mit möglichst vielen Sinnen erlebt werden – also am besten visuell und auditiv. Ein Video stellt ein Produkt dreidimensional dar und kommt daher diesem Bedürfnis am nächsten. Text allein wird hingehen nie die gleiche Überzeugungskraft haben wie eine Kombination aus Bild und Text (und im Idealfall ein Video, zu dem es auch noch Ton gibt). Damit Ihre Produkttexte Conversionförderer sein können, brauchen Sie aussagekräftige Bilder als Sparringspartner. Je teurer ein Produkt, desto wichtiger sind gute Bilder und Videos.

Texte für Ratgeberseiten schreiben – die Informationsgeber
Ratgeberseiten – ob als Ratgeber-Verzeichnis mit verschiedenen Inhalten oder als einzelne Seite zu einem Thema – sind das perfekte Ziel für informationsorientierte Suchanfragen. Sie sind wichtige Informationsgeber und bieten dem Nutzer Antworten auf seine Fragen. Ratgeber erfreuen sich deshalb großer Beliebtheit im Netz.

Schon lange haben auch Shopbetreiber ihren Wert erkennt, um online sichtbarer zu werden. Wie oben beschrieben, können transaktionsorientierte Shopseiten, auf denen Produkte oder Dienstleistungen angeboten werden, für informationsorientierte Suchanfragen nicht ranken. Jedoch gibt es zu jedem Produktbereich auch informationale Nutzerinteressen. So haben Nutzer, die sich für eine Buchhaltungssoftware interessieren, Fragen rund um die Buchhaltung und das Rechnungswesen an sich. Und diese kann ein Ratgeber, der an eine Shop-Domain zum Beispiel als Verzeichnis angeschlossen wird, bedienen.

Sie als Shopbetreiber haben dadurch folgende Vorteile:

- Sie können über mehr Keywords bzw. Suchanfragen gefunden werden.
- Sie können mit den Nutzern in Kontakt treten, auch wenn diese (noch) nichts kaufen wollen.
- Sie stärken Ihre Marke durch eine höhere Sichtbarkeit.
- Sie machen die Nutzer in einer sehr frühen Phase der Kaufentscheidung auf sich aufmerksam.
- Sie können sich als Experte im Netz präsentieren, was sich wiederum auf Ihre Markenwahrnehmung positiv auswirkt.

Das alles ist natürlich nur dann wieder sinnvoll, wenn Sie auf die Qualität der Inhalte achten. Wie oben erwähnt, sind Ratgeber keine neue Idee. Zu jedem Thema findet man im Netz bereits Informationen. Daher werden Sie mit einem einfachen Ratgeber, den Sie eben mal so zusammenschreiben, vielleicht gut ranken, aber nicht auf Dauer. Denn die Nutzer können Sie damit nicht zufriedenstellen.

Wenn Sie möchten, dass die Nutzer Ihre Ratgeber gerne und oft lesen, dann sollten Sie auf hierauf achten:

- Geben Sie fachmännisch und professionell Rat zu einem bestimmten Thema, in dem Sie sich wirklich auskennen.
- Produzieren Sie nicht einfach Content um des Contents willen. Das merken die Nutzer irgendwann und das trübt Ihre Glaubwürdigkeit. So braucht ein Buchhaltungssoftware-Anbieter keine Tipps zur Familienplanung geben.
- Informieren Sie möglichst ganzheitlich über das Thema – nicht nur Google steht auf Holistik, auch der Nutzer freut sich, wenn er in Ihrem Ratgeber alle Infos findet, die er sucht. Das erspart ihm, weitere Suchanfragen eingeben zu müssen.
- Gehen Sie daher ganz gezielt auf Fragen und Bedürfnisse der Nutzer ein. Diese recherchieren Sie mithilfe der Keyword-Recherche.

Ratgeber als Online-Textform haben in erster Linie eine Funktion: Die Nutzer mit Informationen zu versorgen. Ist dieses Bedürfnis befriedigt, gehen diese dann meistens zur Suche zurück oder beenden Ihre Suche. Das ist aber keineswegs schlecht für Sie. Im Gegenteil: Sie haben einen wichtigen Tricker bei den Nutzern gesetzt, indem Sie ein positives Erlebnis mit Ihnen hatten. Und es kann gut sein, wenn Sie als Experte wahrgenommen werden, dass die Nutzer irgendwann nicht mehr nur über die Google auf der Suche nach Informationen zu Ihnen kommen, sondern ebenso über eine navigationale Suchanfrage, mit der sie direkt auf Ihre Website navigieren.

Texte für Blogs, News und Magazine schreiben – die Kundenbinder
Blogs, News und Magazine haben eine ähnliche Intention wie Ratgeber, jedoch zudem den Fokus darauf, regelmäßig Inhalte zu veröffentlichen. Ein Ratgeber kann auch alleine als Single-Page stehen. Blogs, News und Magazine sind also ebenso Informationsgeber für die Nutzer, haben aber darüber hinaus ein noch größeres Potenzial, die Nutzer zu binden, indem sie Inhalte regelmäßig veröffentlichen. Bei Blogs, News und Magazinen ist die Chance, dass die Nutzer von selbst wiederkommen über eine navigationale Suchanfrage noch größer als bei Ratgebern.

Natürlich kommt es hier genauso auf die Qualität an:

- In News können Sie Neuigkeiten zu Ihrem Unternehmen veröffentlichen, aber auch aktuelle Themen aufgreifen, Blogs und Magazine können thematisch breiter gefächert sein und Tipps geben.
- Sie können bei diesen Textsorten einen Bezug zu Ihrem Unternehmen herstellen und den Inhalten eine „persönlichere" Note geben.
- Wichtig ist aber trotzdem: Den Nutzer und seine möglichen Fragen in den Fokus der Inhalte zu stellen.
- Schaffen Sie Mehrwert, indem Sie auf den Nutzern eingehen und eine Beziehung zu seinen Bedürfnissen aufbauen.
- Greifen Sie nicht immer nur die Themen heraus, die Sie interessieren, sondern bedienen Sie gezielt die Nutzerinteressen.

Egal ob mit einem Shop oder einem Webauftritt – Sie haben immer die Möglichkeit, informationsorientierte Inhalte in einem News-Bereich, einem Corporate Blog oder einem Magazin zu veröffentlichen. Damit diese Content-Bereiche auf Ihrer Website dann aber auch zum Kundenbinder werden und wiederkehrende Besucher generieren, sollten Sie immer wieder mithilfe von Keyword-Recherchen die aktuellen Nutzerinteressen identifizieren. So stellen Sie langfristig sicher, dass Sie die Nutzer mit den Informationen versorgen, die diese lesen möchten.

Texte für Whitepaper und E-Books schreiben – die Imageförderer
Dass Whitepaper und E-Books auch zum Online-Content und hierbei zudem noch zum Webseiten-Content zählen, wird Sie vielleicht im ersten Moment verwundern. Jedoch wird sich Ihre Verwunderung schnell in Verständnis umkehren. Denn Whitepaper und E-Books, die zu den Webseiten-Inhalten zählen, liegen auf einer Webseite, auf der man sie öffnen und herunterladen kann. Es sind keine Inhalte, für die man bezahlen muss. Es handelt sich hingegen um umfangreichen und sehr hochwertigen Mehrwert-Content für die Nutzer. Um Produkte des Content Marketings, die eingesetzt werden, um das Markenimage

zu bilden und um zu zeigen, dass es Ihnen nicht nur um Ihren Umsatz geht, sondern ebenso um die Nutzer. Weil die Inhalte wie ein Buch zusammengefasst und in PDF-Form gebracht werden, sind Whitepaper und E-Books jedoch ein Sonderfall des Webseiten-Contents. Sie haben im Vergleich zu anderen Inhalte einer Website Vor- und Nachteile, wie Tab. 3.3 zeigt.

Um einen wirklich hochwertigen Eindruck mit Whitepapern und E-Books zu erzielen, sollten Sie darauf achten:

Tab. 3.3 Vor- und Nachteile von Whitepapern und E-Books

Vorteile	Nachteile
Sie wirken, wenn sie gut gemacht sind, sehr hochwertig, was direkt auf das Markenimage ausstrahlt. Wenn sie wie ein echtes Buch oder Magazin gestaltet sind, werden sie vom Nutzer auch so wahrgenommen – und nicht nur wie ein Text auf einer Seite.	Man sollte auch ein PDF-Format für die Suchmaschinen optimieren, sonst rankt es weniger gut als Inhalte im HTML-Format. Das PDF muss echten Text enthalten, den die Suchmaschinen lesen können, oder zumindest eine Texterkennung bieten.
Der Nutzer hat sein „eigenes" Exemplar, das er sich auf sein Endgerät herunterladen kann. Dadurch wertschätzt er den Content mehr als Inhalte, die nur auf einer Webseite liegen. Er bekommt quasi gratis ein kleines „Buch".	Die Ansicht auf mobilen Endgeräten ist auch für PDFs relevant und schneidet meistens bei diesem Format nicht so gut ab. Das wirkt sich ebenfalls auf das Ranking aus. Das Gleiche gilt für die Datengröße. Große Dateien laden meist lange und die Ladezeit ist ein wichtiges Ranking-Kriterium für Google und Co.
Qualitätsinhalte, die sich von den üblichen Inhalten abheben, verbreiten sich besser und schneller viral. Das trifft auf Whitepaper und E-Books in großem Maße zu – vor allem im Vergleich zu einem Single-Page-Ratgeber. Sie können damit also deutlich mehr Reichweite erzielen, wenn sich Ihre Inhalte durch Links und Soziale Interaktionen (siehe Kap. 4) verbreiten.	Der Aufwand, Inhalte in hochwertiger Form in ein PDF zu bringen, ist oft höher als Texte auf eine Webseite hochzuladen, vor allem bei vorgegebenen Templates.

- Beschreiben Sie ein Thema sehr ausführlich und anschaulich; Bilder und Grafiken sind sehr wichtig in Whitepapern und E-Books. Sie tragen zur Hochwertigkeit bei und erzeugen Lebendigkeit.
- Achten Sie auf eine durchdachte, sinnvolle Gliederung mit einem roten Faden. Bei umfangreichen Inhalten ist dies besonders wichtig.
- Erklären Sie den Inhalt nicht nur sprachlich, sondern auch visuell mit Bildern und Grafiken.
- Sparen Sie nicht beim Layout, es sollte die Qualität der Inhalte unterstreichen.
- Holen Sie sich Experten oder Meinungsführer bwz. Influencer als Co-Autoren ins Boot holen. Dadurch wird das E-Book/Whitepaper nutzwertiger und glaubwürdiger. Zudem können Sie von der Bekanntheit Ihres Co-Autors profitieren. Dieser hat ebenso Interesse daran, dass der Inhalt sich weiter verbreitet. Das erleichtert Ihnen das Seeding im Content Marketing.
- Geben Sie wie in einem „richtigen" Buch Ihre Quellen an. Das trägt gleichfalls zur Glaubwürdigkeit und Vertrauenswürdigkeit sowie zur Qualität bei.

Texte für Lexika schreiben – die Expertisendarsteller

Auf Lexika bzw. Glossare stößt man im Netz immer wieder. Sie sind sehr beliebt, weil sie – wenn man es richtig angeht – viele Nutzer auf Ihre Website bringen können. Sie bieten sich vor allem für den B2B-Bereich an sowie für alle Branchen mit einem großen Fachwortschaft, wie Industrie und Technik. Fachtermini werden oft von vielen Nutzern gesucht und haben ein hohes 4- oder sogar 5-stelliges Suchvolumen, wie *GoBD,* das im Monat durchschnittlich 12.100 mal gesucht wird. Aber selbst wenn ein Fachwort nur ein 3-stelliges Suchvolumen hat, ist es für die Zielgruppe aus der Branche sehr relevant und kann potenzielle Kunden auf Ihre Website bringen.

Lexika, Glossare oder einfach: Wort-Definitionen können ganz unterschiedlich aussehen. Es funktionieren kurze Texte genauso wie sehr ausführliche. Bezüglich der Textlänge sollten Sie daher nicht nach Standards oder Empfehlungen, sondern nach dem Informationsbedarfs des Nutzers gehen. Lexika sind Antworten auf Fragen, die mit

„Was ist…" beginnen. Um das „was" zu erklären, bedarf es mal mehr mal weniger Wörter. So ist schnell erklärt, was eine Boyfriend Jeans ist, aber nicht, was es mit den GoBD auf sich hat. Wichtig ist bei Lexika wieder, dass Sie John Muellers Rat folgen und nicht einfach nur massenhaft Content produzieren, ohne auf die Qualität zu achten. Im Prinzip gilt hier Ähnliches wie bei den Produkttexten: Es kommt auf die Informationsintensität an, die mit dem Fachterminus verbunden ist.

Folgende Regeln sollten Sie bei Lexika beachten:

- Orientieren Sie bei der Textlänge an der Informationsintensität, die ein Fachwort besitzt.
- Priorisieren Sie mithilfe der Keyword-Recherche die Fachtermini, die für Ihre Zielgruppe (nicht: alle Nutzer in diesem Fall) besonders interessant sind.
- Viele Wörter sind einfacher zu verstehen, wenn Sie diese zusätzlich visuell mit einem Bild oder einer Grafik erklären.
- Achten Sie auf die Qualität des Contents, auch wenn es sich „nur" um Worterklärungen handelt. Qualität meint dabei nicht nur den Text, sondern ebenso das Layout und die Nutzerfreundlichkeit der Inhalte.

3.4 Best Practices: Layout für Webseiten-Content

Ein altbekannter Fehler: Ein Print-Text wird einfach online gestellt. Damit Ihre Texte gelesen werden, müssen Sie diese jedoch für das Online-Leseverhalten aufbereiten. Denn online liest man anders als offline! Wenn Sie sich denken: *„Ach, den Text aus unserem Kunden-Print-Magazin stellen wir genau so auf unsere Website"*, können Sie fast sichergehen, dass Sie eines erreichen. Nämlich, dass Ihr Text nicht gelesen wird.

Die UX-Agentur usability.de GmbH & Co. KG hat in einem Eye-Tracking-Test mit Schülern und Studierenden herausgefunden, dass „das Leseverhalten im Internet […] von verschiedenen Faktoren ab[hängt] (vgl. Usabilty/UX im Glossar). Neben der Intention des Nutzers, beeinflussen insbesondere die Struktur und der Aufbau des Textes das Leseverhalten“ (usability.de o. J. a, b).

Auch frühere Eye-Tracking-Tests haben bereits gezeigt: „Die User überfliegen Ihre Website bzw. Ihren Website-Text in kürzester Zeit auf der Suche nach Schlagworten, die sie interessieren oder die relevant sind. [...] Was für den Leser in diesem Moment nicht relevant ist, lässt er außen vor.“ (Horschig o. J.)

Einer der ersten, die sich mit dem Leseverhalten beschäftigt haben, ist der dänische Website-Usability-Forscher Jakob Nielsen (vgl. Usability im Glossar). Er hat zahlreiche Eye-Tracking-Studien durchgeführt und festgestellt, dass die Nutzer in einer F-Form nach relevanten Schlagwörtern im Text suchen. Sie scannen zunächst den ersten Absatz und springen dann zum nächsten. Von dort aus betrachten sie dann nur noch die ersten Wörter der folgenden Absätze auf der Suche nach etwas „Relevantem“. Dabei lesen sie die Texte nicht zu Ende. Wenn sie nichts Relevantes gefunden oder alles Relevante gelesen haben, verlassen die Nutzer die Webseite wieder. Oder sie fangen erst in der Mitte an, bei einem Absatz, der für sie interessant ist. Laut Nielsen lesen die Nutzer gerade einmal 20 % des Inhalts. Dies liegt jedoch nicht an einer generellen digitalen Lesefaulheit. Sondern daran, dass es unser Auge deutlich mehr anstrengt, auf einem Bildschirm zu lesen als von bedrucktem Papier.

> „Dadurch lesen wir online 25 % langsamer als bei Print-Medien.“ (Morawietz o. J.).

Darüber hinaus darf man die heutige Informationsflut der digitalen Welt nicht vergessen. Wer nach Informationen online sucht, bekommt eine Vielzahl an Treffern – und nicht alle sind von guter Qualität. Dass Online-Texte primär gescannt werden, liegt also auch am begrenzenden Faktor Zeit. Der Nutzer muss schnell herausfinden, ob er auf der ausgewählten Seite die Inhalte findet, die ihn interessieren. Eine weitere Herausforderung: Auf der Seite warten auch noch zahlreiche Ablenkungen, denen er gerne verfällt in Form von Produktanzeigen oder Social Media-Buttons. Der Online-Leser driftet viel schneller ab, wie die Linguistin Naomi Baron in ihrer Studie herausgefunden hat.

Online liest man anders als offline

- Man liest selektiver.
- Man scannt mehr.
- Man liest nicht von links nach rechts, nicht von oben nach unten, sondern in F-Form.
- Man lässt sich leichter ablenken.
- Man pickt sich die Informationen heraus, die man sucht.

Was Sie als Webseitenbetreiber nun tun können, damit Ihr Text gelesen wird? Sie sollten das Layout Ihres Contents so gestalten, dass es das Online-Leseverhalten unterstützt und den Nutzern hilft, schnell die für sie relevanten Inhalte zu finden. Denn alles, was interessant ist für die Nutzer, lesen sie – auch wenn das vielleicht nur 20 % Ihres Textes sind. Aus diesem Grund der erneute Hinweis darauf, wie wichtig die Keyword-Recherche ist. Denn mit dieser können Sie herausfinden, was für die Nutzer relevant ist bzw. relevant sein könnte. Vor allem auf Kaufinteressenten sollten sie achten, abgebildet wird deren Interesse durch die transaktionalen Keywords. Sie wollen Ihre Entscheidung überprüfen und lesen daher alle Informationen, die für diese relevant sind.

An diese 3 goldenen Layout-Regeln sollten Sie sich halten (usability.de o. J. a, b):

- **Heben Sie wichtige Textstellen optisch hervor** – daran bleiben die Augen der Leser automatisch hängen.
- **Ermöglichen Sie den Nutzern, Ihre Texte zu scannen** und die relevanten Inhalte schnell zu finden. Setzen Sie das Wichtigste stets an den Anfang eines Textes, Abschnittes oder Satzes.
- **Fassen Sie sich möglichst knapp mit kurzen Sätzen und kurzen Absätzen.** Vermeiden Sie es unbedingt, sogenannte Textwüsten (vgl. Glossar) zu produzieren. Diese bestehen nur aus aneinander-

gereihten Sätzen ohne lesefreundliches Layout. Ein Layout wie in einem klassischen Buch ist für Online-Inhalte also nicht förderlich.

Lesefreundlichkeit ist hingegen *DAS* Stichwort, wenn Sie Ihren Webseiten-Content so aufbauen wollen, dass Ihre Texte gelesen werden. Diese erreichen Sie durch ein „luftiges" Aussehen mit kurzen Absätzen sowie mit Leseeinstiegshilfen wie Überschriften, Tabellen, Listen, aber auch Bildern. Diese unterstützen den Nutzer dabei zu finden, was er auf Ihrer Seite sucht. Sie können zudem seine Aufmerksamkeit erzielen und ihn dazu motivieren, den Text zu lesen. **Das Layout macht einfach so viel aus, dass Ihre Texte gelesen werden!** Das heißt also: Sie identifizieren zunächst mit der Keyword-Recherche die Inhalte, die für die Nutzer relevant sind. Dann heben Sie diese in Ihrem Text durch ein lesefreundliches Layout hervor, sodass die Nutzer diese Inhalte schnell finden.

Generell, unabhängig von der Seiten- oder Text-Art, tragen diese layouttechnischen Elemente zu einem lesefreundlichen Content bei:

- **Überschriften und Zwischenüberschriften** mit Fettungen oder Kursivierungen, einem größeren oder anderen Schriftschnitt
- **Listen bzw. Aufzählungen** mit Bullet Points; Verwenden Sie auch mal andere Bullet Points als die üblichen Punkte, Striche oder Zahlen. Das erhöht die Aufmerksamkeit. Bei der Aufzählung von Vor- und Nachteilen bieten sich Plus- und Minus-Symbole an. Je nach Thema können Sie aber auch Sonderzeichen wie Herzen, Hunde oder Sterne einsetzen.
- **Tabellen;** diese eignen sich besonders gut zur Gegenüberstellung von Sachverhalten oder dafür, dem Leser einen Überblick, z. B. über die Tool-Landschaft für die Keyword-Recherche zu geben. Sie sind einfach erfassbar, ohne dass Sie alles ganz genau ausformulieren müssen – es reichen Stichpunkte.
- **Visuelle Elemente wie Bilder, Grafiken, Videos etc.**; Informationen in einer Kombination aus visuellen und textlichen Elementen zu vermitteln, macht es dem Nutzer leichter, diese zu verarbeiten und zu verstehen.

- **Gliederungen mit internen Sprungmarken;** Langen Texten sollten Sie immer eine Gliederung, die den Inhalt auflistet, voranstellen. Der Nutzer sieht dann sofort, ob die gesuchte Information auf Ihrer Seite zu finden ist. Wenn Sie die Gliederungspunkte mit internen Sprungmarken versehen, kann der Nutzer zudem gleich dorthin springen.
- **Zusammenfassungen bzw. Fazit;** auch eine Zusammenfassung bzw. ein Fazit macht am Ende eines langen Textes den Inhalt für den Nutzer sehr einfach und auf einen Blick erfassbar. Fassen Sie hier am besten noch einmal die wichtigsten Punkte aus dem Text – gerne stichpunktartig – zusammen. Der Nutzer wird es sehr zu schätzen wissen.

Über diese allgemeinen Leseeinstiegshilfen hinaus gibt es für die verschiedenen Arten des Webseiten-Contents noch weitere Empfehlungen, um den Inhalt möglichst lese- bzw. nutzerfreundlich aufzubauen. Diese werden im Folgenden erklärt.

Layout für Kategorieseiten
Kategorieseiten geben einen Überblick über das Sortiment einer Produktkategorie. Die gesamte Seite ist transaktionsorientiert und so sollte auch der Content aufgebaut sein. Da der Fokus bei Kategorieseiten auf den Produkten liegt, wird Text meistens nur unter den Produkten platziert. Es sollte aber auch immer eine kurze Einleitung – am besten als Liste – über den Produkten, above the fold, z. B. in der Bühne, platziert werden. Dadurch können Sie die Nutzer direkt „abholen" – quasi schon beim Einstieg in die Seite. Dadurch verstehen diese gleich, ob sie auf der Seite richtig sind oder nicht. Aufgrund von Mobile first (vgl. Glossar) sollten Sie zudem weitere Möglichkeiten, Texte auf einer Kategorieseite zu platzieren, betrachten. Die Nutzer verwenden immer mehr mobile Geräte, um im Netz zu surfen. Das weiß auch Google und achtet immer stärker darauf, wie gut eine Website für die mobile Nutzung optimiert ist. Ist der Text über den Produkten zu lang, ist dies auf Smartphones und Tablets weniger optimal. Die Produkte rutschen dann recht weit nach unten aufgrund des kleineren Displays. Um dies zu verhindern, können Sie den Text teilweise

einklappen. Die frühere Aussage, dass eingeklappter Text nicht für die Relevanz gewertet wird, hat Google inzwischen aufgrund von Mobile first revidiert (Google Search Central 2020).

Daher wirkt es sich nicht mehr negativ aus, Textblöcke zwischen Produkten einzubauen, die der Nutzer ausklappen kann, wenn er mehr Informationen möchte. Zu beachten dabei ist, dass die wichtigen Informationen im sichtbaren Teil zu lesen sind. Denn laut Google sollten dem Nutzer die Hauptinformationen immer direkt präsentiert werden, ohne dass er sie ausklappen muss. Insbesondere das, nach dem er gesucht hat, sollte direkt auf der Webseite zu finden sein. So empfiehlt John Mueller, eine Zusammenfassung der Hauptinformationen direkt sichtbar zu machen. Weitere Details erhält der Nutzer dann, indem er den Text ausklappt. Beispiele hierzu sehen Sie in den Abb. 3.10 und 3.11.

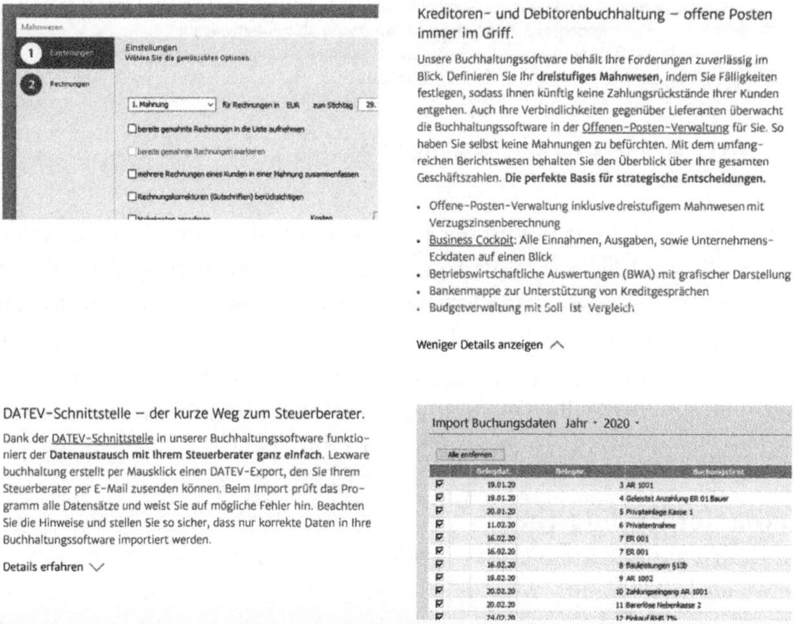

Abb. 3.10 Beispiel 1 für eingeklappten Text

Abb. 3.11 Beispiel 2 für eingeklappten Text

In Abb. 3.11 ist ein typischer Fall von eingeklapptem Text dargestellt: Es ist die mobile Seiten-Version eines Mode-Anbieters, der FAQ zu einer der angebotenen Marken in einem Fragen-Antwort-Modul auflistet. Die Fragen sind sichtbar, damit der Nutzer sie sofort beim Scannen erkennt und sieht, wo er seine Antwort bekommt. Diese ist eingeklappt, damit die Seite auf mobilen Endgeräten nicht zu lang wird, und erscheint erst durch einen Klick auf die Frage.

Layout für Produktseiten

Produkttexte beschreiben das Produkt. Wie wichtig ist da das Layout? Sehr wichtig! Denn zum einen trägt ein lesefreundliches, optisch ansprechendes Layout zur Qualität Ihrer Website bei – was immer gut ist für Ihr Image. Zum anderen ermöglichen Sie es dem Nutzer so, die für ihn kaufentscheidenden Infoformationen schnell zu finden. Vergessen Sie nie: Produkttexte sollten Conversionförderer sein, denn hier auf der Produktseite findet die finale Kaufentscheidung statt.

To dos für das Layout von Produkttexten

- Die Produktnutzen klar hervorheben mit einem scannbaren Layout.
- Die kaufentscheidenden Eigenschaften in Bullet Points oder einem separaten Kasten auflisten.
- Den Text klar strukturieren mit einer lesefreundlichen Zeilenlänge.
- Serviceleistungen und Kundenbewertungen übersichtlich darstellen.

In Abb. 3.12 sehen Sie die Produktseite für eine Waschmaschine. Direkt unter der Produktbezeichnung sind essenzielle kaufentscheidende Informationen zu Kundenbewertungen, Lieferung und Service gelistet. Diese Vertrauen schaffenden Inhalte stehen damit im Fokus. Rechts daneben kann sich der Nutzer mehrere Abbildungen sowie ein Video ansehen und die USPs in einer Aufzählung auf einen Blick erfassen. Erst darunter folgt eine längere, detaillierte Produktbeschreibung. In dieser werden die USPs im Detail erklärt und vorstellbar beschrieben.

Layout für Informationsseiten

Ob Ratgeber, Blog, Magazin oder News-Bereich – diese Content-Arten sind tendenziell länger als Texte für transaktionsorientierte Seiten. Bei ihnen kommt es besonders auf ein lesefreundliches Layout an. Achten Sie daher unbedingt auf die Zeilenlänge:

Wichtig

„60 bis 80 Zeichen pro Zeile sind optimal für eine gute Lesbarkeit. Der Grund: Bei längeren Zeilen fällt es schwerer, den Beginn der nächsten Zeile zu finden. Außerdem muss mit zunehmender Breite der Kopf mitbewegt werden, was natürlich ermüdet.

65 Zeichen entsprechen im Schnitt 10 Wörtern. Sowohl zu kurze als auch zu lange Zeilen wirken wenig einladend. Bei kurzen Zeilen führt die fehlende Silbentrennung im Internet außerdem zu unschönen

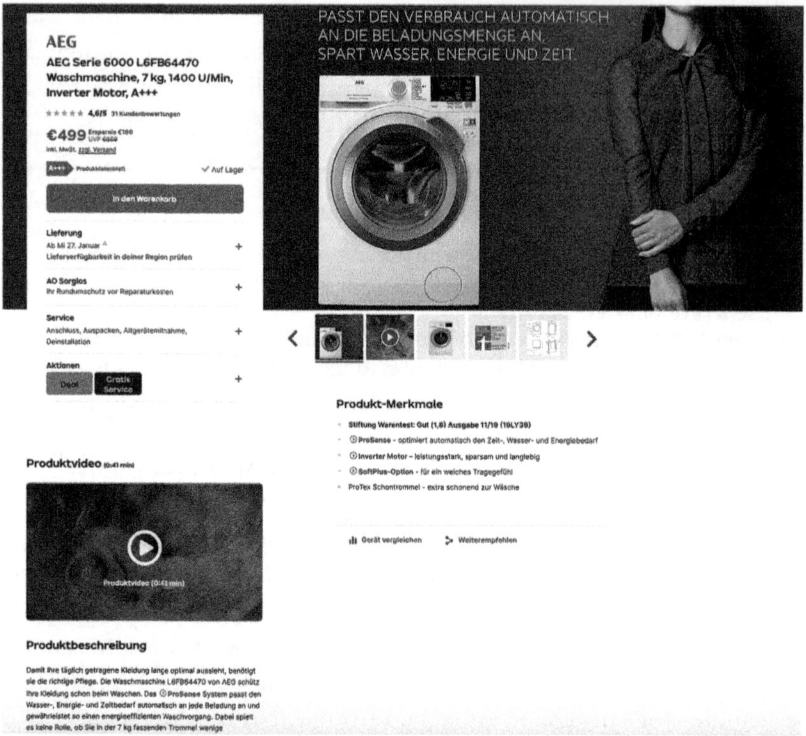

Abb. 3.12 Beispiel für eine gut strukturierte, conversionfördernde Produktseite

> Umbrüchen und Löchern. Ein unattraktives Textbild ist die Folge." (netzstoff o. J.)

Die Displays der mobilen Geräte sind ohnehin eher schmal, sodass sich das Layout für die mobile Darstellung bei einer Seite, die gut mobil optimiert ist, entsprechend automatisch anpasst (Responsive Design). Die Zeilenlänge ist dann häufig bereits lesefreundlich: Der Text wird schmaler, dafür länger. Um lange Textwüsten nach unten hin zu vermeiden, können Sie hier wieder mit eingeklapptem Text arbeiten. Bei Displays von Laptops und externen Bildschirmen ergeben sich in den meisten Fällen hingegen eher lange Zeilen. Viele Webseiten nutzen nämlich die gesamte mögliche Darstellungsbreite. Setzen Sie den Text für die Desktop-Darstellung zweispaltig oder arbeiten Sie mit Text-Bild-Kombinationen. Leseeinstiegshilfen sind bei langen Texten besonders wichtig. Sinnvoll ist bei ihnen zudem ein Inhaltsverzeichnis mit internen Sprungmarken am Anfang sowie eine Zusammenfassung oder Checkliste am Ende. Dadurch kann der Nutzer schnell zu den Inhalten springen, die für ihn relevant sind, und er bekommt in der Zusammenfassung die wichtigsten Informationen, ohne den ganzen Text zu lesen. Perfekt für das Online-Leseverhalten.

Layout für Whitepaper und E-Books

Whitepaper und E-Books sind, wie oben bereits beschrieben, ein Sonderfall des Webseiten-Contents. Sie sind deutlich näher an Offline-Texten und werden wie diese eher linear gelesen. Trotzdem sollten Sie hier auf die allgemeinen Empfehlungen für das Layout von Webseiten-Content achten. Genauso wie der Text strahlt das Layout auf Ihr Image aus. Lesefreundlichkeit, Ästhetik und ein qualitativer Gesamteindruck sind wichtige Aspekte. Wenn Sie das Layout in Ihrem CI gestalten, schaffen Sie zudem direkt einen Wiedererkennungswert.

Diese Elemente geben Ihren Whitepapern und E-Books einen besonders hochwertigen Charakter (siehe Abb. 3.13):

- Schatten zwischen zwei Seiten, imitiert den Charakter eines aufgeschlagenen Buches
- Seitenzahlen unten außen oder mittig
- Titel des E-Books oder Whitepapers auf allen Seiten unten
- Kapiteltitel auf den entsprechenden Seiten oben
- Je nach Thema: Logo für das E-Book oder Whitepaper
- Handzeichnungen, Karikaturen oder Illustrationen

Diese Elemente erfordern einen hohen zeitlichen und monetären Aufwand und erhöhen dadurch natürlich die Gesamtkosten für die Erstellung eines Whitepapers oder E-Books. Dennoch lohnt sich dies in vielen Fällen, da Sie jahrelang von einen solchen hochwertigen Online-Content für Ihr Image und Ihre Markenbekanntheit profitieren können. Selbst Verlinkungen können Sie mit einem solchen Content

Abb. 3.13 Beispiel für ein hochwertiges eBook-Layout

über einen langen Zeitraum „ernten". Wägen Sie jedoch immer ab und behalten Sie, wie in Abschn. 1.3 beschrieben, Ihr Budget und Ihre Ziele im Blick. Hochwertige E-Books und Whitepaper sind nur dann auch aus unternehmerischer Sicht sinnvoll, wenn sie auf Ihre Ziele zu hundert Prozent einzahlen.

Layout für Lexika

Da die Texte bei Lexika tendenziell eher kurz sind, ist das Layout hier weniger aufwendig. Jedoch sollten Sie trotzdem auf Lesefreundlichkeit achten. Hierzu gehört auch, dass Sie, wenn möglich, Bilder wie Fotos, Skizzen oder Grafiken, den Begriffserklärungen an die Seite stellen. Sollte es sich bei Ihren Lexikon-Einträgen um längere Texte handeln, dann gelten für diese die gleichen Layout-Regeln wie für Ratgeber-, Magazin- und Blogtexte.

3.5 Zielgruppengerechte Leseransprache und Online-Schreibstil

Die Leseransprache ist für Online-Texte extrem wichtig. Denn Sie treten hierbei in eine direkte Kommunikation mit dem Nutzer. Dieser bedient sich des Internets, weil er etwas möchte – zwar nicht immer direkt von Ihnen. Aber seine Online-Suche hat stets eine Motivation. Der Nutzer will in den meisten Fällen etwas wissen oder etwas kaufen – **und Sie sind der Experte, um ihm zu antworten oder passende Produkte bzw. Dienstleistungen anzubieten. Daher sprechen Sie den Nutzer am besten direkt an.** Die zielgruppengerechte Ansprache beginnt dabei mit der Entscheidung, ob Sie das generalisierende „man" verwenden oder ob Sie den Nutzer duzen bzw. siezen. Für Passiv sollten Sie sich, wenn Sie Online-Content erstellen, grundsätzlich nur selten entscheiden – wir kommen weiter unten näher darauf zu sprechen.

Eine direkte Leseransprache mit „du/Du" oder „Sie" baut im Gegensatz zum generalisierenden „man" eine Beziehung zum Nutzer auf und **erleichtert diesem die Identifikation mit Ihren Inhalten – und letzten Endes auch mit Ihnen sowie mit Ihrer Marke.** Er fühlt sich direkt angesprochen und einbezogen in das, was Sie ihm vermitteln. Die relative Distanz zwischen Ihnen und Ihrer Zielgruppe in der Online-Kommunikation, die durch den fehlenden persönlichen Kontakt entsteht, können Sie durch eine direkte Leseransprache ausgleichen. Ob Sie Ihre Leser duzen oder siezen, hängt wiederum von Ihrer Zielgruppe ab.

Die direkte oder indirekte Leseransprache ist aber nur ein kleiner Teil Ihres Schreibstils. Die gesamte Wortwahl, vor allem sprachliche Mittel (z. B. Metaphern, Vergleiche etc.) zu verwenden, prägt den Stil Ihres Textes.

Als Beispiele für Textstile können u. a. diese genannt werden:

- Gehobener Schreibstil
- Antiquierter Schreibstil
- Umgangssprachlicher Schreibstil/Slang
- Blumiger Schreibstil

- Sprachbildnerischer Schreibstil
- Opulenter/ausschweifender Schreibstil
- Sachlich-nüchterner Schreibstil
- Wissenschaftlicher Schreibstil
- Etc.

Jeder Texter hat seinen eigenen Schreibstil. Jeder hat gewisse Lieblingswörter, Lieblingsstilmittel, Metaphern und Vergleiche, die er (unbewusst) häufig verwendet. Das ist erst einmal grundsätzlich kein Problem. Wer jedoch Kafka oder Thomas Mann nacheifert, wird schwer ans Ziel kommen, dass seine Texte online gelesen werden. Eric Kubitz, alias Contentman, erfahrener Journalist und Geschäftsführer der Contentmanufaktur, hat diese „goldene Stil-Regel" für Online-Texte definiert: **„KEIN Stil ist der beste Stil."** (Kubitz 2013).

Warum ist das so?

1. Weil Sie für Ihre Online-Texte einen **ZIELGRUPPENgerechten Schreibstil** brauchen (nicht vergessen: Sie schreiben für die Nutzer bzw. ihre Zielgruppe/n, nicht wie Kafka oder Thomas Mann, um sich selbst auszudrücken).
2. Weil Sie möchten, **dass Ihre Texte gelesen und verstanden werden,** und zwar von möglichst vielen Menschen. Mit einem neutralen, allgemein-verständlichen Stil erreichen Sie das am besten.
3. Weil ein allgemein-verständlicher Stil **das Online-Leseverhalten unterstützt** und das Scannen ermöglicht.

Was ist nun ein guter Online-Schreibstil? Es gibt einige Grundregeln für den Schreibstil von Online-Inhalten, an denen Sie sich orientieren sollten:

- **Vermeiden Sie zu viel Fachlichkeit. Schreiben Sie eher allgemeinverständlich.** Sie wissen nie, wer genau auf Ihrer Webseite landet und jeder kann, auch wenn er nicht in das Raster Ihrer Zielgruppe fällt, dennoch ein potenzieller Kunde oder wiederkehrender Besucher sein. Setzen Sie daher Fremdwörter nur sparsam ein. Das Gleiche gilt für Abkürzungen, deren Bedeutung nicht jeder versteht.

- **Vermeiden Sie Passiv und Nominalisierungen** (= Verben die zu Substantiven und Adjektiven umgewandelt werden). Der Nutzer braucht länger, um den Text zu lesen und zu verarbeiten. Die Passiv-Verbform (z. B. Das Schwimmbad wird geschlossen) ist schwerer zu entschlüsseln und schwerer scannbar.
- **Vermeiden Sie Schachtelsätze. Schreiben Sie überwiegend einfache, kurze Sätze.** Diese lassen sich ebenfalls besser verarbeiten und scannen. Je länger und komplexer (= Anzahl an Nebensätzen zum Hauptsatz) ein Satz ist, desto schwerer fällt es dem Leser, dessen Bedeutung zu entschlüsseln. Umso länger das Gehirn braucht, die wichtigsten Informationen aus einem Satz zu ziehen, desto schwerer versteht man einen Satz:

> „Satzlänge und Satzkonstruktion beeinflussen die Verständlichkeit von Texten. **Gute, verständliche Sätze haben eine Länge von etwa 10 bis 15 Wörtern.** […] **Sätze mit etwa 15 Wörtern** […] fallen beim Lesen nicht weiter auf. Sind sie verständlich und flüssig zu lesen, bleiben sie unauffällig. Dann **achtet man beim Lesen weniger auf den Satz und mehr auf den Inhalt.** […] **Deutlich kürzere Sätze** fallen aus dem üblichen Raster und **erhalten mehr Aufmerksamkeit.** Da es nur ein paar Worte sind, kann man sie problemlos verstehen. Die Aufmerksamkeit gilt also weniger der Sprache, mehr dem Inhalt." (Huesmann 2018).

Sie können sich den Effekt der Satzlänge also zunutze machen und kurze Sätze verwenden, um dem Inhalt mehr Aufmerksamkeit zu verschaffen. Verwenden Sie zudem das Schema: Hauptsachen in Hauptsätze und portionieren Sie die Informationen, indem Sie diese auf mehrere Sätze verteilen. So kann man Ihnen leichter folgen, Ihre Texte leichter lesen. Keiner scannt einen Satz, der wie bei Thomas Mann über mehrere Zeilen geht und versteht dann noch dessen Inhalt.

- **Vermeiden Sie negative Formulierungen und negativ konnotierte Wörter.** Das sind Wörter, mit denen die Sprachgemeinschaft negative Aspekte verbindet, bspw. Köter (negativ konnotiert) statt

Hund (neutral). Mit diesen können Sie Ihre Zielgruppe abschrecken und sie strahlen auf Ihr Image ab.

- **Vermeiden Sie Füllwörter.** Diese blähen Ihren Text nur auf und sind für das Verständnis unnötig. Schreiben Sie lieber schlicht und einfach, auf das Wesentliche konzentriert. Füllwörter sind zum Beispiel (Aschermann 2018):

  - anscheinend, *ausnahmslos, augenscheinlich, ausdrücklich*
  - *bei weitem, besonders, bestenfalls, bestimmt*
  - *demgegenüber*
  - *echt, eigentlich, einfach, einigermaßen, einmal, endlich, erheblich, etwa, etwas*
  - *fast, folgendermaßen, fortwährend, fraglos, freilich*
  - *ganz gewiss, ganz und gar, gelegentlich, genau, gerade, geradezu, gesagt, gewiss, gewissermaßen, gewöhnlich, gleichsam, grundsätzlich, gänzlich*
  - *hervorragend, hier und da*
  - *im Prinzip, in Wahrheit, in aller Deutlichkeit, in der Regel, in diesem Zusammenhang, in etwa, in gewisser Weise, infolgedessen, inzwischen, irgendwann, irgendwie, irgendwo*
  - *kaum, keinesfalls, keineswegs*
  - *letzten Endes, letztendlich*
  - *mal, man könnte sagen, manchmal, maßgeblich, mehrere, meist, meistenteils, mutmaßlich, möglicherweise*
  - *nachhaltig, natürlich, nicht wahr, nichtsdestotrotz, nichtsdestoweniger, nie, niemals, normalerweise, nun, nur*
  - *offenbar, offenkundig, oft, ohne Umschweife, ohne Zweifel*
  - *plötzlich, praktisch*
  - *regelrecht, relativ, ruhig*
  - *schon, sehr, selbstredend, seltsamerweise, sicher, sicherlich, sogar, sogleich, sonst, sozusagen, streng*
  - *unbedingt, ungefähr, unlängst, unsinnige, ursprünglich*
  - *vergleichsweise, vielfach, vielleicht, vollkommen*
  - *wahrscheinlich, weitgehend, wenige, wenigstens, wieder, wieder einmal, wirklich wohl*
  - *ziemlich, zugegeben, zweifellos, zweifelsohne*

- **Prüfen und hinterfragen Sie die Adjektive, die Sie verwenden.** Adjektive sollen etwas beschreiben, damit der Leser das „sieht", was Sie ihm durch Worte vermitteln möchten. Sie stellen die Eigenschaften von Lebewesen, Gegenständen und Sachverhalten dar. Adjektive können aber auch zu viel sein und schnell in einen blumigen oder zu emotionalen Stil enden – was Sie nicht möchten, wenn Sie Ihre Expertise darstellen, Sie schreiben schließlich keinen Roman. Wenn zu viele Adjektive in einem Text vorkommen, kann dieser aber auch zu stark in die werbliche Richtung abdriften – und auch das möchten Sie nicht, weil Sie dadurch an Authentizität und Glaubwürdigkeit verlieren. Prüfen Sie daher, ob ein Adjektiv unbedingt für das Verständnis notwendig ist.
- **Vermeiden Sie Hilfsverben.** Sie sind ganz häufig überflüssig und verkomplizieren einen Satz. Auch das Scannen erschweren sie. Denn um die Bedeutung eines Satzes verstehen zu können, benötigt der Leser das Vollverb – und nach dem muss er erst suchen, wenn ein Hilfsverb im Satz steht. Es rutscht nämlich dann an das Satzende. Schreiben Sie daher besser: „Vermeiden Sie Hilfsverben" anstelle von „Sie sollten/müssen/dürfen/wollen vermeiden".
- **Vermeiden Sie Hochwert-Wörter, setzen Sie diese nur gezielt und dosiert ein.** Hierzu gehören Superlative und Wortbildungen mit „hyper", „mega" etc. Sie werden in der Werbesprache eingesetzt und wirken überladen. Im Online-Content wirken sie abschreckend, weil sie weder Fachlichkeit noch Authentizität oder Glaubwürdigkeit ausstrahlen. Stattdessen wirken sie eher bedeutungslos und abgegriffen oder sogar aufdringlich. Überzeugen Sie Ihre Zielgruppe besser mit hochwertigem Content, in dem Sie Ihre Expertise und Ihre Vertrauenswürdigkeit darstellen.
- **Vermeiden Sie „Gelaber".** Es ist für den Lerneffekt wichtig und sinnvoll, Dinge zu wiederholen. Jedoch gibt es einen deutlichen Unterschied zwischen Redundanz und Gelaber. Wiederholen Sie sich nur, wenn es für das Verständnis notwendig ist. Am besten, indem Sie etwas zusammenfassen und die wichtigsten Infos noch einmal wiederholen. Den immer gleichen Sachverhalt in unterschiedlichen

Ausdrucksweisen über einen gesamten Abschnitt zu wiederholen, ist hingegen wie „Wiederkäuen".

- **Versuchen Sie sich konkret ausdrücken. Vermeiden Sie es allgemein und abstrakt zu formulieren.** Ins „Labern" kommt man ebenfalls schnell, wenn man zu allgemein und zu abstrakt schreibt. Benennen Sie stattdessen Dinge und Sachverhalte mit klaren, eindeutigen Begriffen und vermeiden Sie Allgemeinplätze, die nichtssagend sind. Hierzu gehören auch Adjektive wie „passend" oder „gut" sowie Phrasen wie „große Auswahl" oder „das ideale Produkt". Sie sind Teil der typischen Online Marketing-Sprache und werden nahezu überall verwendet. Sie sind abgegriffen und wirken daher inzwischen bedeutungslos. Heben Sie sich ab und verwenden Sie konkretere Wörter und Phrasen.

Tab. 3.4 Regeln für guten Online-Schreibstil

Wortebene	Satzebene	Textebene	Inhaltsebene
Unnötige (Füll-) Wörter vermeiden	Hauptsachen in Hauptsätzen	Ein Gedanke ein Satz, ein Gedankengang ein Absatz	Alle Sinne nutzen (hören, riechen, sehen, schmecken, fühlen)
Adjektive prüfen	Nebensachen in Nebensätzen	Diversity: lange Sätze, kurze Sätze	Auf unnötige Details verzichten
Vermeiden: Fremdwörter (manchmal), Abkürzungen (meistens)	überwiegend kurze Sätze verwenden	Konkret ist besser als allgemein und abstrakt	Redundanz vs. Gelaber
Nominalisierungen vermeiden	Nicht länger als 6 Wörter schachteln	Aktiv statt Passiv	Keine unnötigen Fragen aufwerfen
Klare, eindeutige Begriffe verwenden			Keine Klischees
Hilfsverben vermeiden (haben, kann, sein, werden usw.)			

(Quelle: Kubitz 2018).

Tab. 3.5 Schlechter vs. guter Online-Schreibstil

Beispiele	„schlechter" Online-Schreibstil	„guter" Onlines-Schreibstil
Unnötige (Füll-) Wörter	Abgesehen davon, ist der kleine weiße Vierbeiner aber recht pflegeleicht und **hat nicht besonders anspruchsvolle Bedürfnisse**	Abgesehen davon, ist der kleine weiße Vierbeiner aber recht pflegeleicht und **nicht besonders anspruchsvoll**
Unnötiger Schachtelsatz	Sind Sie in einem Beruf tätig, **der es erfordert, dass Sie mit Schnitt- und Bearbeitungsprogrammen arbeiten,** sollten Sie außerdem ein Modell mit hochwertiger, leistungsfähiger Hardware aussuchen – etwa einem schnellen Prozessor und starker Grafikkarte	Sind Sie in einem Beruf tätig, **bei dem Sie mit Schnitt- und Bearbeitungsprogrammen arbeiten,** sollten Sie außerdem ein Modell mit hochwertiger, leistungsfähiger Hardware aussuchen – etwa einem schnellen Prozessor und starker Grafikkarte
Nominalisierungen vermeiden	**Die Rechnung, um ein Geschäftsessen abzusetzen,** lässt sich an einem einfachen Beispiel zeigen	Das folgende Beispiel zeigt, **wie du die Bewirtungskosten eines Geschäftsessens, das du absetzen möchtest, berechnen kannst**
Hilfsverben vermeiden	Zu den Eigenschaften erfolgreicher Unternehmer gehört daher, **dass du bereit sein musst,** dein gesamtes Tun und Handel zu hinterfragen und notfalls dein Unternehmen komplett umzukrempeln	Zu den Eigenschaften erfolgreicher Unternehmer gehört daher, **dass du bereit bist,** dein gesamtes Tun und Handel zu hinterfragen und notfalls dein Unternehmen komplett umzukrempeln
Klare, eindeutige Begriffe verwenden	Sie eignet sich optimal **für den Wechsel von kühlen zu warmen Tagen und zurück,** z. B. für wechselhaftes Wetter im Frühjahr oder Herbst	Sie eignet sich optimal **für die Übergangszeit,** z. B. für wechselhaftes Wetter im Frühjahr oder Herbst

(Fortsetzung)

Tab. 3.5 (Fortsetzung)

Beispiele	„schlechter" Online-Schreibstil	„guter" Onlines-Schreibstil
Aktiv statt Passiv	Ihr Mut sowie der kraftvolle Körperbau resultierten in weiteren Kreuzungen, **sodass diese treuen Wächter von Siedlern zunehmend auf deren Farmen gehalten wurden**	Ihr Mut sowie der kraftvolle Körperbau resultierten in weiteren Kreuzungen, **sodass Siedler sie als treue Wächter zunehmend auf ihren Farmen hielten**
Konkret ist besser als allgemein und abstrakt	Oft haben Tierärzte **weitere Tipps,** wie z. B. tränenden Augen vorgebeugt werden kann	Oft haben Tierärzte **Tipps zur Prävention von Krankheiten,** z. B. wie man tränenden Augen vorbeugen kann
Keine unnötigen Fragen aufwerfen	Zum Abschluss ein Tipp zum Schnäppchen schlagen: Ist man bei der Urlaubsplanung flexibel, sollte man bedenken, **dass Zimmerpreise zu kurzfristigen Terminen häufig sehr günstig angeboten werden. Das hängt mit der erwünschten Kontingentauslastung seitens der Hotels zusammen** → ???	Zum Abschluss noch ein Spar-Tipp: Wer flexibel in der Urlaubsplanung ist, kann auch kurzfristig Schnäppchen machen. **Denn kein Hotel möchte freie Zimmer haben, sodass Restkontingente kurzfristig günstiger angeboten werden** → ahhh!
Keine Klischees	<h2>Welche Socken für Damen trägt man zu welchem Schuh?</h2> **Die Deutschen sind dafür bekannt, ihre dicken Socken aus Baumwolle in Sandalen zu stecken. Frauen sind da zum Glück sensibler,** weshalb wir Ihnen gerne verraten, zu welchem Schuh Sie welche Damen-Socken tragen sollten	<h2>Welche Socken für Damen trägt man zu welchem Schuh?</h2> Es kommt auch bei Socken auf die Details an. **Ein weißes Modell zu einem schwarzen Schuh? Ein Strumpf, der aus einem Ballerina herausschaut? Das ist nicht wirklich ladylike.** Wir verraten Ihnen, welche Damen-Socken Sie zu welchem Schuh tragen sollten

Einen Überblick über die Schreibstil-Regeln gibt Ihnen Tab. 3.4 und 3.5 stellt einige Beispiele für guten und für schlechten Schreibstil im Vergleich dar.

Dieser eben beschriebene eher einfache, allgemein-verständliche Schreibstil ist die Basis für Ihren Content. Mit diesem können Sie nichts verkehrt machen. Er wird von jedem Nutzer verstanden und akzeptiert, egal wer auf Ihre Website kommt – und wer das ist, wissen Sie ja schließlich nicht (immer). **Diesen Basis-Stil können Sie dann modifizieren, um Ihre jeweilige/n Zielgruppe/n direkt und passend anzusprechen.** Denn die zielgruppengerechte Ansprache ist wiederum entscheidend für Ihr Markenbild und dafür, wie die Nutzer Ihr Unternehmen wahrnehmen. Von allen Nutzern, die im Netz suchen, entspricht nur ein gewisser Teil Ihrer Zielgruppe – und die müssen Sie „einfangen", wenn sie Ihre Texte lesen.

Für die zielgruppengerechte Ansprache sollten Sie sich einige Fragen stellen:

- Welches Alter hat die Zielgruppe? → Leseransprache du/Du oder Sie?
- Ist sie weiblich, männlich oder divers? Oder besteht sie aus allen Geschlechtern? → Geschlechterspezifische Wörter, Bilder etc.
- Welches Einkommen bzw. Budget für Produkte oder Dienstleistungen besitzt die Zielgruppe? → Diese Information bestimmt in der Regel das Maß der notwendigen Seriosität.
- Welche Berufe übt sie aus bzw. in welchen Branchen ist sie tätig? → Hieraus ergibt sich die Frage nach dem notwendigen fachsprachlichen Niveau.
- Welche Positionen begleitet sie? → Tonalität nüchtern, emotional, locker etc.
- Welche Interessen hat die Zielgruppe? → Möglichkeit für Identifikationspotentiale
- Welche Produkte/Dienstleistungen bieten Sie an? → Informationsintensität und Preis bedingen das notwendige Maß an Vertrauenswürdigkeit.

Tab. 3.6 verdeutlicht Ihnen mit einigen Praxisbeispielen, wie Sie Ihre Leser zielgruppengerecht ansprechen können.

Tab. 3.6 Praxisbeispiele für zielgruppengerechte Leseransprache

	Mode-Onlineshop	Spezialisierter Merchandise-Händler	Automobilzulieferer
Zielgruppe	Weiblich 13 bis 30 Jahre Geringes Monatsbudget für Mode Trendbewusst	Männlich oder weiblich 20 bis 60 Jahre KMUs Kleine & mittlere Vereine Musikbands & Musicalveranstalter	Entscheider wie Werkstatt- und Abteilungsleiter Geschäftsführer
Ansprache	Du	Sie	Sie
Tonalität	Locker, freundschaftlich, emotional	Locker, aber auch verbindlich, vertrauensschaffend & Expertise zeigend	Verbindlich, vertrauensschaffend und Expertise zeigend
Wortwahl	Anglizismen, Metaphern und andere Stilmittel	Fachbegriffe, Vergleiche, nicht-konnotierte, neutrale Wörter	Fachtermini, fachbetont, nicht-konnotierte, neutrale Wörter
Stil	Animierend, emotionalisierend, sympathisierend mit Identifikationspotential für die Zielgruppe	Animierend, aber immer mit Seriosität und Vertrauen	Seriös, faktenbezogen, sachlich-neutral
Textbeispiele	Finde hier Dein neues Lieblingsteil! Ob Seventies-Look, Gothic Prom Dresses oder Bodysuits – entdecke jetzt die heißesten Styles der aktuellen Saison! Damit bist Du garantiert der Hingucker im Club! Stöbere durch unsere heißen Angebote und spare bei Deinem nächsten Einkauf!	Entdecken Sie unser hochwertiges Sortiment an Merchandise-Artikeln Stöbern Sie unserem Onlineshop. Dort können Sie sich Ihre ganz eigene Merchandise-Kollektion individuell zusammenstellen Ob Flexfit-Cap, 5-Panel-Cap oder Snapback-Cap – unsere Produkte sind alle made in Germany und werden individuell nach Ihren Vorgaben gefertigt Sie haben noch Fragen? Dann kontaktieren Sie unseren kompetenten und freundlichen Kundenservice. Hier helfen wir Ihnen gerne weiter	Sie finden in unserem Sortiment hochwertige, innovative Produkte, die von der langjährigen Kompetenz unseres Unternehmens zeugen Vertrauen Sie auf unsere jahrzehntelange Expertise Qualität, Innovation und Effizienz sind die Säulen unserer Markenphilosophie Unser Kundenservice berät Sie gerne kompetent bei allen Fragen zu unserem Produktsortiment

3.6 Überschriften, die wirken und Aufmerksamkeit wecken

Überschriften gehören zu den wichtigsten SEO-Elementen **gemeinsam mit dem oberen Seitendrittel und den Meta-Daten,** die in Abschn. 3.8 beschrieben werden. Sie erfüllen rein aus Suchmaschinenoptierungssicht eine essenzielle Funktion, damit Ihre Website gut gerankt und gefunden wird: **Überschriften machen den Text für die Suchmaschinen einfacher lesbar.** Sie geben dem Inhalt eine Struktur und gliedern ihn sinnvoll. Beim Crawlen (vgl. Glossar) der Website orientiert sich der Google Bot an dieser Gliederung. Er kann dadurch den Inhalt besser verstehen und verarbeiten. Jeder Textabschnitt sollte daher eine Überschrift haben, die mit einem entsprechenden Heading-Tag (vgl. Glossar) markiert ist. Das Tag markiert die Hierarchie der Überschrift, wie auch beispielhaft in Abb. 3.14 zu sehen:

- **H1-Heading-Tag:** markiert das Hauptthema einer Seite. Es entspricht je nach Textumfang dem „Buchtitel" oder „Kapiteltitel".
- **H2-Heading-Tag:** markiert einzelne Textabschnitte oder Absätze. Man verwendet es für Unterthemen oder für abgeschlossene Gedankengänge. Es entspricht je nach Textumfang dem „Kapiteltitel" oder „Unterkapiteltitel".
- **H3-Heading-Tag:** markiert Unterabschnitte eines Textabschnittes oder Absatzes. Man verwendet es für kürzere Gedankengänge, die zu

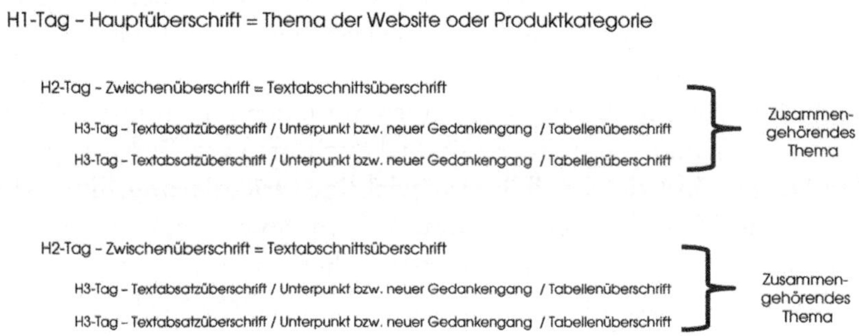

Abb. 3.14 Beispiel für Hierarchie der Heading-Tags

einem Abschnitt bzw. einem längeren Gedankengang/Unterthema gehören. Oder auch für Überschriften von Tabellen, Listen oder Bilder, die zu einem Abschnitt gehören. Es entspricht je nach Textumfang dem „Unterkapiteltitel“ oder in der Hierarchie noch tiefer stehenden Textelementen.

Durch diese Aufteilung erhält der Content Struktur, die Inhalte werden thematisch geordnet. Die thematische Zuordnung der Inhalte durch die Überschriften hilft dem Google Bot, den Text zu verstehen. Die Suchmaschine verwendet die Informationen, die in den Überschriften enthalten sind, um den Inhalt zu bewerten und für die relevanten Keywords zu ranken. **Aus diesem Grund sollten Sie in den Überschriften Hauptkeywords und wichtige Nebenkeywords verwenden.** So erhöhen Sie direkt die Relevanz Ihres Textes und die Chance auf gute Keyword-Rankings.

John Mueller bestätigte im August 2020, dass Überschriften ein wichtiges Signal für die thematische Zuordnung sind und der Google Bot es durch die H-Elemente leichter hat, die Inhalte einer Seite zu verstehen (siehe Abb. 3.15).

Überschriften sollten Sie aber nicht nur für Textabschnitte, Tabellen und Listen verwenden, sondern ebenso für Bilder. Denn das hat einen weiteren großen SEO-Effekt. Google versteht immer noch nicht, was genau auf einem Bild zu sehen ist. **Mit einer Überschrift und umgebenden Fließtext, der den Bildinhalt erklärt, können Sie dieses Problem beseitigen.** Die Überschrift erklärt dem Google Bot, was auf dem Bild dargestellt ist, und damit auch, für welche Suchanfrage das Bild relevant ist. Dies ist wiederum essenziell, um in der Bildersuche bei Google zu erscheinen.

Doch gehen wir mal weg vom reinen SEO, denn nicht nur aus Sicht der Suchmaschinenoptimierung sind Überschriften von Bedeutung. **Für den Nutzer sind sie ebenfalls eine wichtige Orientierungshilfe beim Lesen und Verstehen eines Textes.** Wie in Abschn. 3.4 beschrieben, unterscheidet sich das Online-Leseverhalten vom „normalen“. Die Online-Leser scannen mehr. Den Überschriften kommt dabei also auch aus Nutzersicht eine wichtige Rolle zu:

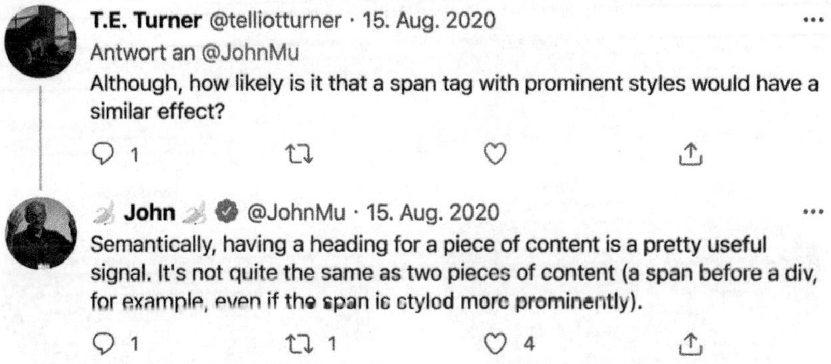

Abb. 3.15 Twitter-Zitat von John Mueller zur Wichtigkeit von Überschriften

- Sie leisten einen großen Beitrag, um einen Text scannbar zu machen.
- Sie gliedern den Text und führen den Leser durch den Inhalt.
- Sie fassen den Text-Inhalt zusammen.
- Sie sind die Antwort auf die Frage, ob ein Leser den Text oder Textabschnitt lesen soll.
- Sie zeigen dem Leser, was er sucht.

Normalerweise geht der meiste Arbeitsaufwand in den Fließtext, die Elemente um diesen herum – die Überschriften, Metadaten sowie Einstieg und Ende – schreibt man quasi nebenbei. In ihre Erstellung fließt weniger Zeit. **Jedoch gilt es, dies zu überdenken** angesichts der Tatsache, dass diese Textelemente, insbesondere die Überschriften, so wichtig sind. Dies verdeutlicht Abb. 3.16.

Schenken Sie den Überschriften in Zukunft mehr Aufmerksamkeit, wenn Sie wollen, dass man Ihre Texte liest. **Sie brauchen hierfür nicht irgendwelche Headlines.** Sondern solche, die auf den Leser wirken und seine Aufmerksamkeit wecken. Solche, die die oben genannte Rolle erfüllen, den Leser in den Text ziehen.

Die W-Fragen aus der Keyword-Recherche sind ein wichtiges Hilfsmittel für Sie, wenn Sie wirkungsvolle und aufmerksamkeitsweckende Überschriften erstellen möchten. Wie bereits oben in Abschn. 3.1 zur Keyword-Recherche beschrieben, sind die W-Fragen-Keywords Fragen der Nutzer aus der Google-Suche. **Sie bilden konkreter als ein Wort**

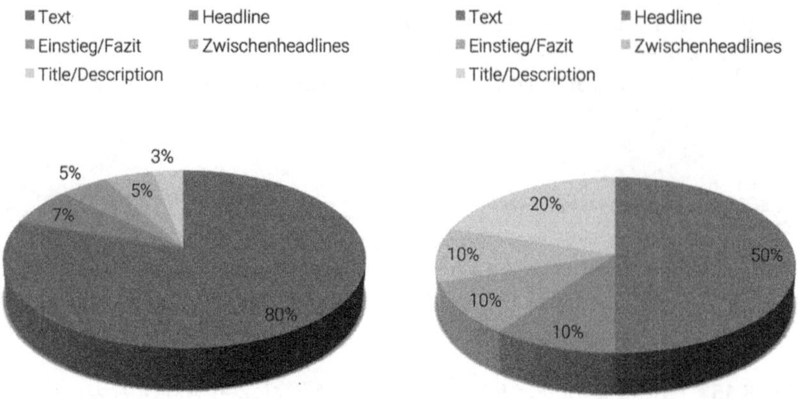

Abb. 3.16 Optimierung Arbeitszeit bei Online-Texten

(„Damen Jeans") oder eine Phrase („Damen Jeans kaufen") das Nutzerinteresse ab („Welche Damen Jeans soll ich bei kurzen Beinen kaufen?"). Zum einen können Sie diese Fragen in Ihrem Text beantworten und ihn besonders nutzwertig sowie zielgruppengerecht gestalten. Zum anderen können Sie die Fragen für die Überschriften verwenden und den Nutzern so direkt zeigen, wo sie die Antwort auf ihre Frage finden. Das wird sie in den Text ziehen und sie motivieren, ihn zu lesen.

Praxistipp: Eine beliebte und erfolgreiche Methode, um möglichst viele Nutzerfragen auf einer Seite übersichtlich und strukturiert darzubieten, ist **ein FAQ-Bereich am Textende.** Hier listen Sie W-Fragen als Überschriften und beantworten sie wie bei einem Frage-Antwort-Spiel in loser Reihenfolge. Der Nutzer findet so dann ganz leicht die Antworten auf seine Fragen (in diesem Zusammenhang sollten Sie Abschn. 3.9 beachten).

Kommen wir nun von der Theorie zur konkreten Betextung. Worauf müssen Sie bei der Gestaltung von **wirkungsvollen und aufmerksamkeitsweckenden Überschriften** achten?

- Verwenden Sie **konkrete Nutzerfragen** immer dort, wo es Sinn macht, weil sie einen Textabschnitt gut zusammenfassen. Sie helfen dem Nutzer bei der Suche nach relevanten Informationen.

- Achten Sie darauf, dass die **Überschriften klar und eindeutig** den folgenden Textabschnitt zusammenfassen. Bei „aufmerksamkeitsweckend“ denken Sie vielleicht an blumige, metaphorische, „geheimnisvolle“ Überschriften. Diese sind online jedoch eher kontraproduktiv, weil der Nutzer sie beim Scannen nicht versteht. Das Risiko besteht, dass er keine Geduld hat, herauszufinden, was Sie mit Ihrer Überschrift meinen. Online wirkungsvoller sind aber aussagekräftige Überschriften.
- Stellen Sie **die wichtigste Information an den Anfang** der Überschrift. Da die Nutzer in einer F-Form lesen, bleiben ihre Augen vor allem an den Satzanfängen hängen. Die Nutzer, die über eine Suchanfrage auf Ihre Webseite kommen, halten gezielt nach ihr Ausschau bzw. nach Wörtern und Phrasen, die thematisch zu ihr gehören. Daher sollten Sie das Hauptkeyword oder wichtige Nebenkeywords wie Synonyme und Longtail-Keywords in den Überschriften verwenden.
- **Heben Sie die Überschriften optisch hervor** in Ihrem Layout. Es klingt logisch, ist aber für Online-Inhalte noch wichtiger als für Print-Texte. Daher soll es noch einmal an dieser Stelle erwähnt werden. Die Aufmerksamkeit der Nutzer erhalten Ihre Überschriften nicht nur durch die Wörter, die Sie verwenden. Sondern vor allem durch die Optik. Überschriften, die sich deutlich vom Fließtext abheben, erleichtern das Scannen. Das Auge bleibt daran hängen, wenn die Seite überflogen wird. Um Überschriften deutlich hervorzuheben, eignen sich

  – eine größere Schrift
  – andere Schriftarten als für die weiteren Textelemente
  – Farben
  – Fettungen und Kursivierungen
  – Unterstreichungen

Wenn Sie dann noch die „richtigen“, also die für die Nutzer relevanten Wörter, in den Überschriften verwenden, haben Sie Ihr Ziel erreicht. Die Nutzer schauen sich den Text(abschnitt) genauer an und lesen ihn im Idealfall auch.

Zusammenfassung wichtige Regel für Überschriften

1. Den Text mit Überschriften gliedern und die Inhalte auf diese Weise thematisch ordnen.
2. Überschriften entsprechend Ihrer Hierarchie mit einem Heading-Tag versehen, sodass für die Suchmaschinen eine klare Struktur entsteht.
3. Hauptkeywords und wichtige Nebenkeywords in den Überschriften verwenden. Zum einen, um dem Google Bot die Relevanz für bestimmte Suchanfragen zu verdeutlichen. Zum anderen, um den Nutzern die Suche nach den Antworten auf ihre Suchanfrage zu erleichtern.
4. W-Fragen als Überschriften einsetzen, um den Nutzern klar zu zeigen, wo sie die relevanten Informationen finden.
5. Überschriften optisch im Layout hervorheben, indem sie größer gesetzt, gefettet, kursiviert oder unterstrichen sind. Oder indem sie sich farblich oder durch eine andere Schriftart abgrenzen. Die Hervorhebungen lassen sich natürlich auch kombinieren.

3.7 Die Bedeutung von Bildern und Videos für Online-Inhalte

Wie weiter oben bereits mehrfach erwähnt, reichen Bilder und Videos als Content nicht aus, damit eine URL bei Google in den Suchergebnissen weit oben zu finden ist. Google kann Bilder und Videos alleine (noch) nicht zweifelsfrei auslesen. Es ist immer Text notwendig, damit die Suchmaschine den Webseiten-Inhalt versteht und eine URL ranken kann. Durch Bildelemente alleine versteht sie den Inhalt nicht zweifelsfrei. „Warum braucht eine Website dann überhaupt Bilder und Videos? Dann reicht es doch, wenn der Content aus Text besteht." Das tut es aus zwei Gründen nicht:

1. Sie produzieren Inhalte für Ihre Zielgruppe – und Menschen sind Augentiere.
2. Es ist nicht so, dass Fotos und Videos überhaupt keine Rolle für das Ranking bei Google & Co. spielen. Im Gegenteil: In der speziellen Bildersuche rankt die Suchmaschine Bilder, die sie für eine

Suchanfrage als relevant bewertet – und auch in den „normalen“ Suchergebnissen finden sich schon lange nicht mehr nur Webseiten. Je nach Suchanfragen bietet Google den Nutzern dort lokale Ergebnisse, Videos und Bilder (siehe Abb. 3.17).

Google kann die Inhalte visueller Elemente durch textliche Elemente verstehen. Für die Bewertung eines Bildes zieht die Suchmaschine folgende textliche Elemente heran:

- der den Bild umgebenden Text
- Bild-Unterschriften und Bild-Überschriften
- Bild-URL (Dateiname)
- ALT-Attribut

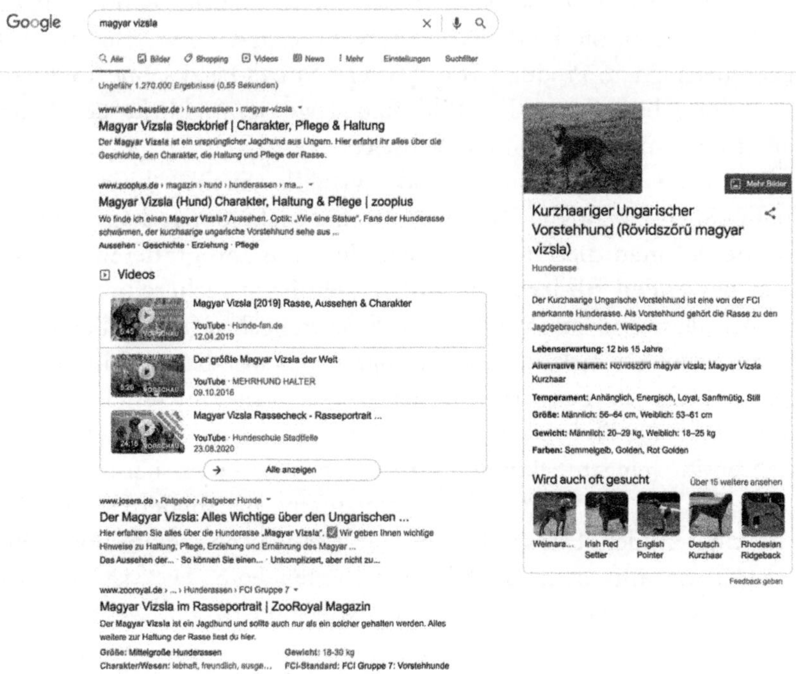

Abb. 3.17 Beispiel Google Suchergebnis mit Videos & Bildern

Darüber hinaus sind für das Ranking noch diese Faktoren verantwortlich, auf die wir an dieser Stelle jedoch nicht näher eingehen:

- Bildgröße und Versionen
- Mehrfachverwendung
- Originalität und Konsistenz

Mit dem sogenannten Bilder-SEO (vgl. Glossar) können Sie Ihre Chancen erhöhen, dass die Nutzer Sie im Netz gut finden. Sie sollten daher sowohl im Text, der das Bild umgibt, als auch in den Bild-Unter- und Überschriften sowie in den Meta-Angaben des Bildes, der Bild-URL und dem ALT-Attribut (vgl. Glossar) idealerweise relevante Keywords verwenden. **Diese helfen den Suchmaschinen zu verstehen, für welche Suchanfragen das jeweilige Bild relevant ist.** Insbesondere bei transaktionalen Suchanfragen wie „weiße Jeans mit Used-Effekten" oder „Vase Beton-Optik" sind Bilder für die Nutzer enorm wichtig. Sie dienen dazu, die Kaufentscheidung zu festigen, bzw. erleichtern die Suche nach einem Produkt, von dem ein Nutzer bereits eine konkretere Vorstellung hat. Wenn Ihr Bild überzeugt, dann klickt der Nutzer darauf und landet so auf Ihrer Webseite.

Der neue Suchmaschinentrend „**visuelle Suche**" birgt ebenfalls Traffic-Potential für die Zukunft, das Sie nicht unterschätzen sollten. **Hierbei können die Nutzer, indem sie etwas fotografieren, im Netz nach passenden Bildern und Suchergebnissen recherchieren.** Wenn Sie beispielsweise im Wald beim Spazierengehen einen Baum entdecken, den Sie nicht kennen, fotografieren Sie diesen. Mithilfe von Apps wie Google Lens, Bing Visual Search oder Pinterest Lens startet dann direkt die Websuche und liefert ähnliche Motive in Echtzeit. Sie erfahren in wenigen Sekunden, um welchen Baum es sich handelt. Sie geben also kein Keyword in der Suchmaschine ein, sondern suchen mithilfe eines Bildes. Das funktioniert mit einem eben aufgenommenen genauso wie mit einem digital gespeicherten Foto. Die visuelle Suche erhöht damit enorm die Bedeutung von Bildern auf Webseiten. Sie haben dadurch die Chance, Nutzer, die nach etwas suchen, durch Ihre Bilder auf Ihre Seite zu bringen. **Für den E-Commerce eröffnet**

dies hohe Traffic-Potentiale. Wenn ein Nutzer ein Produkt sieht, das ihm gefällt und das er gerne haben möchte, bspw. wenn er abends im Restaurant eine schicke Handtasche sieht, kann er diese abfotografieren und sich über das Foto ähnliche Produkte mithilfe der visuellen Suche anzeigen lassen und sogar direkt kaufen. Der Online-Shop von ASOS, dem größten britischen Mode-Versandhandel, bietet bereits seit Längerem eine App, mit der die Nutzer nach Kleidungsstücken, die sie fotografiert haben, im Shop suchen können. Auch das Soziale Netzwerk Pinterest verfügt über eine visuelle Suchmaschine und liefert beispielsweise zu abfotografierten Lebensmitteln passende Rezepte. Wenn Sie mit Ihren Bildern in solchen Suchergebnissen erscheinen – sei es bei Google & Co oder bei Sozialen Netzwerken wie Pinterest – erhöhen Sie automatisch Ihr Traffic-Potential.

Doch kommen wir zurück zu Ihrem Webseiten-Content. Wie oben bereits erwähnt, sind Bilder und Videos nicht nur dafür wichtig, dass Sie besser über die Suchergebnisse gefunden werden. **Sie sind auch vor allem für diejenigen wichtig, die Ihre Inhalte konsumieren.** Um es noch einmal zu wiederholen: Menschen sind Augentiere. Wir müssen etwas sehen, um es uns vorstellen zu können, und brauchen Bilder, um etwas zu verstehen und zu verinnerlichen. Das menschliche Gehirn kann Visualisierungen einfach schneller und leichter verarbeiten als Texte:

> „Um einen Begriff verstehen zu können, muss unser Gehirn zuerst die aufeinanderfolgenden Buchstaben zu einem Wort verknüpfen und ihnen dann eine bestimmte kontextabhängige Bedeutung zuweisen. Mehrdeutige Begriffe und verschachtelte Satzstrukturen führen außerdem dazu, dass die Buchstabenkombinationen noch intensiver und konzentrierter analysiert werden müssen. […] Die Folge: Wir werden müde, können uns schlechter konzentrieren und verlieren unsere Aufmerksamkeit. […] Während ein Text erst aufwendig von unserem Gehirn dekodiert werden muss, ist uns die **Bedeutung eines Bildes oder Symbols auf den ersten Blick klar.** Ihr Verständnis ist intuitiv. […] ein Bild kann uns tatsächlich unzählige Informationen vermitteln – ganz bequem und innerhalb kürzester Zeit." (videoboost 2015).

Die Tendenz beim Konsumieren von Inhalten in der digitalen Welt geht zudem ganz klar in Richtung Bilder und Videos. Und das nicht nur, weil es anstrengender ist, Texte zu konsumieren, und das vor allem online. Die jüngeren Zielgruppen, auch bekannt als „Generation Smartphone", haben gar keine Lust mehr zu lesen, sie wollen sich viel lieber etwas ansehen. Denn das braucht weniger Aufmerksamkeit. Laut einer Studie von Microsoft aus dem Jahr 2015 sei **die Aufmerksamkeitsspanne des Menschen bereits von 12 auf 8 Sekunden gesunken.** Die Microsoft-Studie ist nicht völlig unumstritten. Jedoch ist Fakt: Es fällt jüngeren Menschen immer schwerer, sich länger auf eine Sache voll und ganz zu konzentrieren, so wie es beim Lesen notwendig ist. Das Smartphone oder Tablet ersetzt das Buch und lenkt uns dauerhaft ab. Zu sehen ist dies beispielsweise in der wachsenden Beliebtheit von Erklär-Videos, Plattformen wie YouTube und sozialen Kanälen wie TikTok. Wenn Ihre Zielgruppe sehr jung ist, werden Sie diese mit einem reinen Text niemals mehr erreichen. Sie ist es gewöhnt, alles schnell und „snackable" zu konsumieren – und das vor allem in bewegten Bildern.

Sie sehen also: visuelle Darstellungen sind für Ihren Online-Content einfach unverzichtbar.

Sogar Google hat 2019 durch seinen Webmaster Trend Analysten John Mueller darauf hingewiesen, dass Bilder und Videos ein großes Potenzial haben (siehe Abb. 3.18).

Bilder transportieren Informationen auf andere Weise als Worte und können die Wirkung der Texte verstärken. **Gemeinsam können sprachliche und visuelle Elemente eine große Überzeugungskraft entwickeln.** Sie ergänzen sich dabei gegenseitig: Das, was der Text nicht leisten kann, leisten Bilder – und Videos. Viele Sachverhalte, z. B. äußerliche Eigenschaften wie Produktmerkmale oder zeitliche/aufeinanderfolgende Abläufe in Prozessen, lassen sich einfacher und verständlicher durch ein Bild oder ein Video transportieren. Sie haben daher die Möglichkeit, durch eine Verbindung von Bildern und Texten die Inhalte, die Sie vermitteln möchten, optimal darzustellen.

Bilder und Videos sind damit nicht nur eine wichtige Ergänzung, sondern auch ein essenzieller Bestandteil Ihres Contents. **Sie übernehmen verschiedene Aufgaben:**

Abb. 3.18 Twitter-Zitat von John Mueller zum Potential von Bildern & Videos

- Sie illustrieren und erklären den Text.
- Sie stehen für sich selbst und sind selbsterklärend.
- Sie stellen zeitliche Abläufe und Prozesse auf einen Blick dar.
- Sie visualisieren Eigenschaften von Gegenständen.

Entscheidend sind hier natürlich immer passende Motive sowie hochwertige und aussagekräftige Bilder. **Insbesondere bei Shopseiten ist gutes Bildmaterial unerlässlich.** Die Nutzer möchten nicht nur lesen, was sie bei Ihren Produkten oder Dienstleistungen erwartet, sie möchten es auch sehen. Auf Produktseiten-Ebene können Sie es sich daher überhaupt nicht leisten, auf Bilder zu verzichten. Kein Bild zu haben, ist ein absoluter Minuspunkt – und daher geradezu „verkaufsschädigend".

Für Produktseiten sollten Sie

- **am besten mehrere Bilder** und, wenn möglich, Videos zur Verfügung stellen: Verschiedene Bildansichten erzeugen Dreidimensionalität und eine klare Vorstellung vom Produkt. 3-D-Ansichten oder Videos sind daher sogar noch besser als einfache Bilder.
- **Besonderheiten im Detail darstellen:** Hat das Produkt eine Besonderheit, die sichtbar gemacht werden kann, zum Beispiel eine wäscheschonende Trommel, beschreiben Sie diese nicht nur im Text, sondern zeigen Sie diese in einer Detailansicht.
- **auf die Bildqualität achten:** Verpixelte oder verzerrte Bilder machen keinen seriösen Eindruck. Im Gegenteil: Sie wirken, als seien sie irgendwo lieblos herauskopiert worden.

Sie sehen also: Auch wenn Texte für das Ranking in den Suchergebnissen der essenzielle Faktor sind, geht es nicht ohne Bild- und Videomaterial. Texte sorgen dafür, dass Sie gefunden werden. Sie **sind die Pflicht. Die Kür sind Bilder und Videos.** Sie sorgen dafür, dass Ihr Content den Nutzern gefällt. Sie unterstützen zielgruppengerechte Inhalte und erhöhen zudem Ihr Traffic-Potential, wenn Sie in der Bildersuche der Suchmaschinen erscheinen.

3.8 Title-Tag und Meta-Description wirkungsvoll erstellen

Sie gehören zu den wichtigsten SEO-Elementen: Title-Tag und Meta-Description, gemeinsam auch als Meta-Daten Ihrer Webseite bekannt. Mit der URL bilden Sie das Snippet, die sogenannte Seitenvorschau in den Suchergebnissen (siehe Abb. 3.19).

Das Snippet ist der erste Berührungspunkt zwischen den Nutzern und Ihrer Webseite. Man kann es als Schaufenster in Ihren Online-Auftritt bezeichnen. So, als wenn die Nutzer an den Top-10 eines

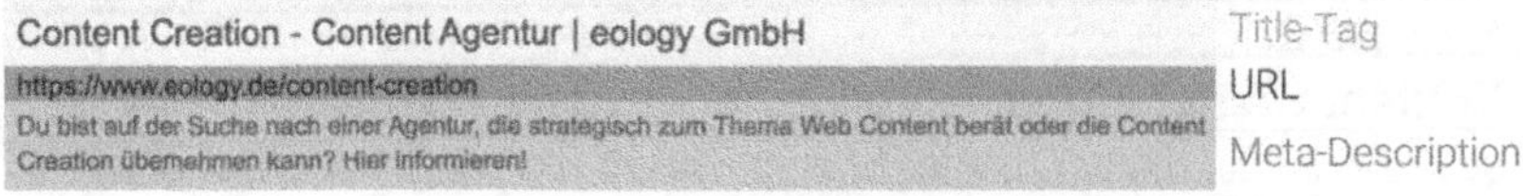

Abb. 3.19 Beispiel Snippet – Seitenvorschau in den Suchergebnissen

Suchergebnisses vorübergehen, sich die Auslagen in den Schaufenstern ansehen und sich dann entscheiden, welchen Laden Sie betreten. Anhand dieses Vergleichs merken Sie bereits, **wie wichtig Title-Tag und Meta-Description sind. Denn sie locken die Nutzer auf Ihre Seite** – oder eben nicht. Natürlich ist das Verhalten von Online-Nutzern anders als das von Schaufensterbummlern in der realen Welt. Die Chance, dass Sie Besuch erhalten, sinkt mit fallender Position in den Suchergebnissen, da die Nutzer – im Gegensatz zur realen Welt – meist nicht sehr weit in den Suchergebnissen „bummeln“. Dennoch haben Sie die Möglichkeit, wenn Sie in den Top-10 mal stehen und damit im potenziellen Aufmerksamkeitsradar der Nutzer sind, mit verschiedenen Elementen in Ihrem Snippet, die Nutzer zu einem Besuch zu motivieren. Was dabei zählt, ist vor allem eins: Aufmerksamkeit. Sie sollten Ihre Seitenvorschau immer so gestalten, dass Sie die größtmögliche Aufmerksamkeit generiert. Je auffälliger sie gestaltet ist, desto leichter wird dies funktionieren.

Wenn Sie jetzt bereits Feuer und Flamme sind, wie Sie ein solches Snippet am besten erstellen, müssen wir Sie leider erst einmal bremsen. Denn es gibt eine Herausforderung, die Sie immer berücksichtigen müssen, wenn Sie Title-Tag und Meta-Description erstellen. **Die maximale Länge der beiden Elemente in der Google Suche.** Die Suchmaschine stellt nämlich nur eine begrenzte Breite in den Suchergebnissen für das Snippet zur Verfügung. Zudem ist das Title-Tag nur einzeilig in der Desktop-Ansicht, die Bildschirmgröße ist damit ein weiterer begrenzender Faktor. Daher variiert die Maximal-Länge für die Meta-Daten auch je nachdem, ob sie auf einem Desktop-PC oder mit einem mobilen Endgerät dargestellt werden. Sind Title-Tag und Meta-Description zu lang, wird der Text einfach abgeschnitten. Er wird am Ende gepunktet, der zu lange Rest ist dann nicht mehr zu lesen. Dem Nutzer fehlen mitunter Informationen, um sich für Ihre Webseite in den Top-10 zu entscheiden (siehe Abb. 3.20).

Abb. 3.20 Beispiel zu langes Snippet

Als wäre das nicht herausfordernd genug, passt Google die Suchergebnisseiten und damit auch die Breite der Suchergebnisse immer wieder an. **Die Suchmaschine feilt an deren Darstellung und verändert immer wieder die Aufteilung.** Mal stehen nur über und unter den Suchergebnissen Google Ads, die Anzeigen, die man über die Suchmaschine schalten kann. Mal stehen Sie auch neben den Suchergebnissen, entsprechend variiert die Breite der Suchergebnisse. Sie sollten sich also, was die Maximal-Längen Ihrer Snippets betrifft, regelmäßig auf dem Laufenden halten und diese bei Bedarf anpassen.

Google hält sich natürlich auch hier wieder einmal bedeckt. Es gibt von der Suchmaschine weder ein Tool, um die korrekte Breite zu bestimmen, noch eine exakte Angabe zur maximalen Breite. Bekannt ist lediglich, dass Google die Snippet-Breite in Pixeln misst, nicht in Zeichen, und dass sie für Desktop die Schriftart „Arial" in 18 Pixeln Größe und für Mobile „Roboto Regular" in 14 Pixeln Größe verwendet. **Nur durch Tests lässt sich immer wieder herausfinden, wie breit Title-Tag und Meta-Description sein dürfen.** An den Werten in Tab. 3.7 können Sie sich orientieren (Stand: 01/2021).

Es gibt zudem eine Menge Tools, mit denen Sie die maximale Länge prüfen können. Doch diese sind oft nicht auf dem neuesten Stand und daher nicht zu hundert Prozent verlässlich. Tab. 3.8 gibt einen kurzen Überblick über die wichtigsten Tools ohne Anspruch auf

Tab. 3.7 Snippet-Längen zur Orientierung (Stand: 01/2021)

Element	Maximale Länge in Pixeln
Title-Tag	568 Pixel bei Desktop
Meta-Description	1.009 Pixel bei Desktop 754 (± 5 px) Pixel bei mobile

Tab. 3.8 Tools zur Überprüfung des Snippets (Stand: 01/2021)

Tool	URL	Längen
Ryte Snippet Optimizer	https://de.ryte.com/free-tools/snippet-optimizer/	Keine Angabe der Längen, dafür können Längen für verschiedene Bildschirmgrößen getestet und per Vorschau angezeigt werden
Claneo Snippet Optimizer	https://www.claneo.com/de/snippet-optimizer/	Title-Tag Länge: 560 px und 57 Zeichen Description Länge: 878 px und 147 Zeichen
Sistrix SERP Snippet Generator	https://app.sistrix.com/de/serp-snippet-generator	Title-Tag Länge: 508 px Description Länge: 1047 px Hier lassen sich Sonderzeichen hinzufügen und es können weitere Elemente wie Datum und Rich-Snippet angezeigt werden

Vollständigkeit. Vergleicht man die Werte der Tools, sieht man sehr schnell zum einen, wie sehr sich die Maximal-Längen verändern, und zum anderen, wie verlässlich bzw. veraltet die Tools sind. Sie sollten sich daher immer erst informieren, welche Längen aktuell sind.

Sie könnten natürlich jetzt einwenden, dass Sie einfach weniger Zeichen verwenden als im Maximum möglich und damit auf der sicheren Seite sind. Das ist grundsätzlich kein schlechter Plan. Jedoch verschwenden Sie so wertvollen Platz, um die Nutzer auf Ihre Seite zu locken. **Und Platz ist in den Suchergebnissen gleichbedeutend mit Aufmerksamkeit: Je mehr Sie davon einnehmen, desto mehr Aufmerksamkeit ziehen Sie auf Ihr Snippet.** Die Erstellung von Title-Tag und Meta-Description ist daher ein Dauerthema. Wir können nur empfehlen, dass Sie sich auf dem Laufenden halten, was die Länge des Snippets anbelangt.

Neben der Länge gilt es für Sie weitere SEO-Regeln zu berücksichtigen, wenn Sie die Meta-Daten erstellen. Diese stellt Tab. 3.9 dar. Die Meta-Daten gehören zu den wichtigen SEO-Elementen. Denn sie tragen direkt bzw. indirekt zum Ranking einer Webseite bei. **Das Title-Tag ist ein primäres Ranking-Kriterium für Google.** Die Suchmaschine bewertet anhand dieses Elements, wie relevant Ihre Seite für eine Suchanfrage ist. Daher sollte das Hauptkeyword, auf das Sie Ihre Seite primär optimiert haben, auch im Title-Tag vorhanden sein. Die Meta-Description ist nur ein sekundäres Ranking-Kriterium. Google zieht sie selbst nicht zur Relevanz-Bewertung heran. Jedoch trägt sie sekundär zum Ranking bei und ist für die Motivation der Nutzer, auf Ihre Seitenvorschau zu klicken, noch wichtiger als das Title-Tag. Denn hier können Sie mehr Informationen vermitteln, die die Motivation, zu klicken, verstärken. **Der Klick auf Ihr Snippet und der Besuch Ihrer Webseite sind für die Suchmaschine(n) relevant.** Für Google und Co. zählt, wie schon mehrfach erwähnt, nicht nur, dass Sie Ihren Content und Ihre Meta-Daten perfekt für die Suchmaschinen optimieren, sondern auch, ob diese bei den Nutzern gut ankommen. Deshalb ist die Meta-Description ein sekundäres Ranking-Kriterium. Wird Ihr Snippet

Tab. 3.9 SEO-Regeln für Title-Tag und Meta-Description

Title-Tag	Meta-Description
Das Hauptkeyword sollte möglichst an erster Stelle stehen	Das Hauptkeyword muss auch in der Description vorkommen, weiterhin sollten Sie – wenn möglich – weitere wichtige Nebenkeywords verwenden
Der Title vermittelt im Idealfall bereits einen Nutzervorteil	Die Description sollte in jedem Fall Nutzervorteile der Produkte bzw. der Inhalte auf der Zielseite vermitteln. Sie muss deutlich machen, was den Nutzer auf der Zielseite erwartet
Der Title ist in der Länge begrenzt, auf maximal 568 Pixel (Desktop)	Die Description ist in der Länge begrenzt, auf maximal 1.009 Pixel (Desktop). Bei der mobile Darstellung sind es 754 ± 5 Pixel
Der Title kann den Brand- oder den Unternehmens-Namen enthalten	Die Description sollte mit dem sog. Call-to-Action enden: Einer Handlungsaufforderung

nicht geklickt, werden Sie nicht lange in den Top-10 bleiben. Daher muss es unbedingt zum Suchergebnis passen.

Doch wie motivieren Sie nun die Nutzer, auf Ihr Suchergebnis zu klicken, wenn Sie sich ansonsten an die von Google vorgegebene Breite halten? **Indem Sie diese 5 goldenen Regel beachten:**

1. Wählen Sie ein ansprechendes, zielgruppengerechtes Wording.
2. Sprechen Sie den Nutzer direkt an und machen Sie ihn neugierig.
3. Formulieren Sie kurz und knackig auf den Punkt.
4. Wecken Sie Aufmerksamkeit durch Sonderzeichen in der Description.
5. Beenden Sie die Description mit einer Handlungsaufforderung, auch Call-to-action, kurz CTA genannt.

Was für den Content gilt, gilt selbstverständlich ebenso für das „Schaufenster" Ihrer Webseite. Achten Sie darauf, Ihre Zielgruppe mit einem passenden Wording anzusprechen. Am besten orientieren Sie sich, wenn Sie Title-Tag und Meta-Description erstellen, an dem Stil, den Sie für die Webseiten-Texte festgelegt haben. Tab. 3.10 zeigt einige Beispiele, wie Sie Meta-Daten entsprechend der oben beschriebenen Best Practices erstellen können.

Exkurs: Warum stellt Google die Description, die im Quellcode der Seite hinterlegt ist, nicht dar?

Title-Tag und Meta-Description hinterlegen Sie in den Meta-Daten bzw. dem Quellcode Ihrer Website und aus diesem zieht sich Google dann die Inhalte für Ihr Snippet. **Wenn Sie hier nichts hinterlegen, generiert die Suchmaschine selbst eines aus dem Content Ihrer Seite.** Sie „bastelt" dann quasi aus Sätzen und Satzteilen Ihres Webseiteninhalts eine Seitenvorschau, die nach Meinung der Suchmaschine zum Suchergebnis passt. Das glückt manchmal, jedoch noch lange nicht immer. Es kann dann sein, dass die Description, die Google gewählt hat, gepunktet ist, missverständlich oder nicht bzw. nicht deutlich das kommuniziert, was Sie möchten, und die Nutzer nicht zum Klicken motiviert. Daher sollten Sie wirklich immer eine eigene Seitenvorschau in den Meta-Daten hinterlegen.

Tab. 3.10 Beispiele Meta-Daten

Title-Tag	Pixel-Länge	Meta-Description	Pixel-Länge
BHs: große Größen für perfekten Halt & Form	405/568	Bustiers & BHs für große Größen: ♥ hoher Tragekomfort ♥ kleine & große Cups ♥ Minimizer, Maximizer, Entlastungs-BHs. Für Sport, Alltag & zum Verführen	971/1009
Buchhaltungssoftware für KMU einfach & modular | Marke[a]	525/568	Für den Mittelstand gemacht: Die Marke[a] Cloud-Buchhaltungssoftware! ✓ Bilanz & GuV ✓ BWA ✓ Anlagenbuchhaltung. Jetzt Finanzwesen einfach managen!	994/1009
Onyx-Ohrhänger mit schwarzem Steinbesatz – Marke[a]	567/558	Mit schwarzem Onyx-Schmuckstein ✧ im quadratischen Schliff ✧ 925er Sterlingsilber ✧ jetzt Onyx-Ohrstecker kaufen	731/1009

[a]die eigentlichen Marken dürfen aus Datenschutzgründen nicht genannt werden

Trotzdem kann es vorkommen, dass Google dieses nicht übernimmt und sich ein eigenes bastelt. Und das ist gar nicht so selten, wie die Studien des Marketing-Dienstleisters Portent und des Tool-Anbieters Ahrefs zeigen. Diese gehen der Frage nach, wie oft Google die Meta-Beschreibungen, die hinterlegt sind, ignoriert. **Beide Studien belegen, dass bei ca. 70 % der analysierten Suchergebnisse Google andere Snippets angezeigt hat als die, die hinterlegt wurden.** Das ist doch recht viel. Bevor Sie sich aber nun entmutigen lassen, Ihre Meta-Daten zu pflegen, sollten wir näher betrachten, woran das liegt.

Gründe, warum Google Meta-Descriptions nicht übernimmt:

1. Die Seitenbeschreibung **passt einfach nicht** zur Suchanfrage und dem Suchkontext.
2. Die Seitenbeschreibung ist **nicht aussagekräftig genug.** Sie fasst den Seiteninhalt nicht verständlich zusammen. (Wenn Meta-Daten automatisiert erstellt, und nicht manuell hinterlegt werden, ist das ganz häufig der Fall.)
3. Die Seitenbeschreibung **entspricht nicht den zur Verfügung stehenden Längen,** das heißt: sie ist viel zu kurz oder zu lang.

Dass Google doch so viele Meta-Descriptions ändert, legt die Vermutung nahe, dass dies wieder mit dem Ziel der Suchmaschine zusammenhängt, dem Nutzer das beste Suchergebnis zu bieten. **Denn laut der Portent-Studie sind es die Positionen 4 bis 6, bei denen Google die Beschreibung oft ändert.** Da für die Suchmaschine auch die Klicks auf die Suchergebnisse für die Relevanzbewertung zählen, kann es sein, dass sie so austestet, ob die von ihr angepasste Beschreibung besser geklickt wird. Wenn Sie dies bei Ihren eigenen Suchergebnissen bemerken, ändern Sie die Meta-Description selbst und testen Sie aus, welche Variante häufig(er) geklickt wird bzw. welche Google nicht ändert.

Besonders genau sollten Sie darauf achten, ob die Suchmaschine Ihre Descriptions anpasst, wenn Sie mit automatisierten Meta-Daten arbeiten. Bei großen Shops mit zahlreichen URLs ist es üblich, ein Muster mit Platzhaltern für die Meta-Daten zu kreieren. Die Platzhalter werden dann entsprechend der jeweiligen Produktkategorie durch produktspezifische Keywords ersetzt, die restlichen Bestandteile bleiben gleich. Das ist natürlich ein probates Mittel, um sich Arbeit zu ersparen. Es führt aber häufig dazu, dass Google hier immer wieder Meta-Descriptions ändert. **Durch dieses automatisierte Vorgehen können Sie die Seitenvorschau nämlich nicht exakt auf die jeweilige Suchanfrage anpassen.** Die Gefahr, dass sie den Webseiteninhalt nicht gut für den Nutzer zusammenfasst, dieser die Seite zwar besucht, aber gleich wieder abspringt, steigt. Bei automatisiert erstellten Snippets erhöht sich zudem die Wahrscheinlichkeit, dass sie nicht immer die vorgegebenen

Pixel-Längen bedienen, zu kurz oder zu lang sind. Und damit steigt gleichzeitig wieder die Wahrscheinlichkeit, dass die Suchmaschine an Ihrer Seitenvorschau Hand anlegt.

Schaut man sich also genau an, welche Gründe laut der Portent-Studie dazu führen, dass Google die hinterlegte Description nicht übernimmt wird eines klar: Es lohnt sich, die Meta-Daten für eine Webseite entsprechend den Google-Richtlinien zu optimieren. Sie können dann zum einen beeinflussen, dass in der Seitenvorschau das steht, was Sie gerne kommunizieren möchten. Zum anderen können Sie sich mit aufmerksamkeitssteigernden Meta-Daten einen Wettbewerbsvorteil sichern. Sie haben Ihr „Schaufenster" dann selbst in der Hand.

3.9 Featured und Rich Snippets – mehr Aufmerksamkeit in den SERPs

Google bietet neben dem oben abgebildeten Standard-Snippet (bestehend aus den 3 Grundelementen URL, Title-Tag und Meta-Description) noch weitere Varianten, um eine Seitenvorschau darzustellen, wie Tab. 3.11 zeigt. Die Suchmaschine möchte damit, das Sucherlebnis für den Nutzer weiter verbessern. Und Ihnen bietet dies verbesserte Möglichkeiten, die Nutzer auf Ihre Website aufmerksam zu machen.

Wenn Sie die Abb. 3.21 bis 3.23, welche die 3 Snippet-Varianten darstellen, miteinander vergleichen, sehen Sie direkt, dass diese aufgrund ihrer Größe und Prominenz in den Suchergebnissen deutlich mehr Aufmerksamkeit auf sich ziehen als ein Standard-Snippet.

In Abb. 3.21 sehen Sie für den Suchbegriff „Buchhaltungssoftware" zunächst 3 Beispiele für Rich Snippets untereinander. Sie enthalten Preise, Bewertungen sowie Verlinkungen. Darunter ist ein normales Snippet zu sehen. Während bei den Rich Snippets die Meta-Description 3 bzw. sogar 4 Zeilen umfasst, besteht sie beim normalen Suchergebnis nur aus 2 Zeilen und wird am Ende sogar gepunktet. Sie ist anscheinend nicht gut optimiert oder Google zieht sie sich selbst. Die meisten Nutzer werden sich mit großer Wahrscheinlichkeit für eines

Tab. 3.11 Snippet-Varianten

Rich Snippet	FAQ Snippet	Featured Snippet
Sie sind eine erweiterte Form der Standard Snippets. Sie stellen spezielle Elemente wie Bewertungssterne, Verlinkungen, Abbildungen, Videos sowie Preisangaben dar und können weitere Informationen enthalten	Sie zählen zu den Rich Snippets und erweitern ein Suchergebnis, um Fragen und Antworten, die zur Suchanfrage passen	Google zeigt sie oberhalb der organischen Suchergebnisse (vgl. Glossar) in einer eigenen Box an, wodurch sie besonders viel Aufmerksamkeit bekommen. Featured Snippets liefern meist konkrete Antworten auf eine Suchanfrage, die eine Definition erfordert oder mit einem Satz zu beantworten ist
Um sie zu erzeugen, hinterlegt man ein HTML-Markup im Quellcode einer Seite. Die Daten, die Google anzeigen soll, lassen sich mithilfe Schema.org für die Suchmaschine strukturieren	Google kann ein FAQ Snippet erzeugen, wenn Sie eine Seite, die häufig gestellte Fragen (Frequently Asked Questions, FAQ) als Liste mit Fragen und Antworten zu einem bestimmten Thema enthält, korrekt als strukturierte Daten auszeichnen	Google stellt die Featured Snippets mithilfe von Algorithmen anhand des vorhandenen Contents einer Webseite zusammen
Als Markups sind möglich: Bewertungen Produkte Organisationen Rezepte Veranstaltungen Musik Preise Eventdaten	Listen-FAQ können als Rich Snippet und als Aktion für Google Assistant (vgl. Glossar) verwendet werden, wenn sie korrekt ausgezeichnet sind	Die „hervorgehobenen Snippets" geben oft Antworten auf eine Suchanfrage, ohne dass der Nutzer auf das Ergebnis klicken muss. Es gibt sie als: Text-Snippet Video-Snippet Listen- und Tabellen-Snippet

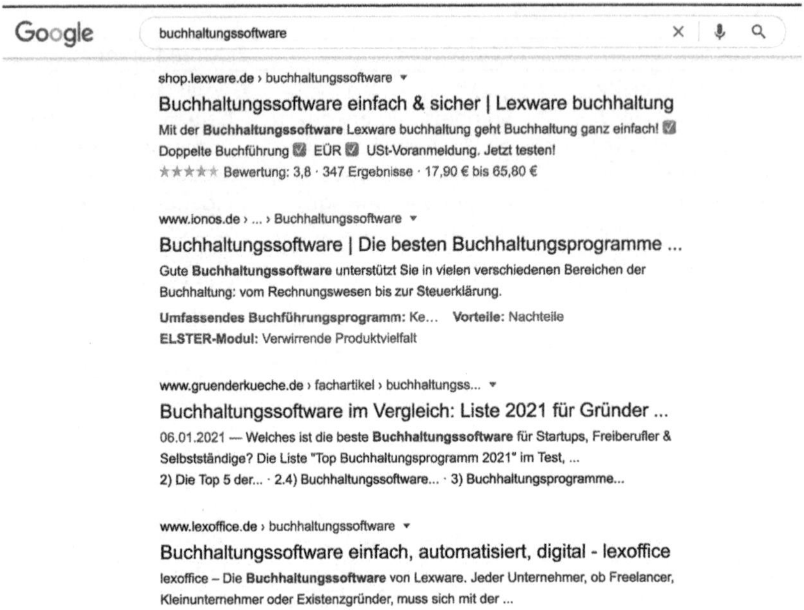

Abb. 3.21 Rich Snippet Beispiele

der ersten 3 Suchergebnisse entscheiden. Denn diese Rich Snippets sind nicht nur größer, sondern auch nutzerfreundlicher in ihrer Gestaltung. Sie bieten bereits in der Google-Suche Informationen, die den Nutzer interessieren und die für seine Kaufentscheidung relevant sind.

Auch wenn das FAQ Snippet in Abb. 3.22 nicht die Pole Position in den Suchergebnissen für das Keyword „Escada Sale" einnimmt, so ist es doch deutlich prominenter als die ersten beiden Positionen. Es kann die Aufmerksamkeit der Nutzer auf sich ziehen. Vor allem dann, wenn diese Interesse an den dargestellten Fragen des FAQ Snippets haben. Klicken die Nutzer auf eine davon, können sie motiviert werden, sich für dieses Suchergebnis zu entscheiden und die Webseite zu besuchen.

Abb. 3.23 zeigt ein Featured Snippet für die Suchanfrage „Hund zittert". Google zieht sich aus dem Content der Webseite, die das Featured Snippet bekommen hat, Informationen. Damit beantwortet die Suchmaschine die Suchanfrage „Hund zittert" mit einem ersten

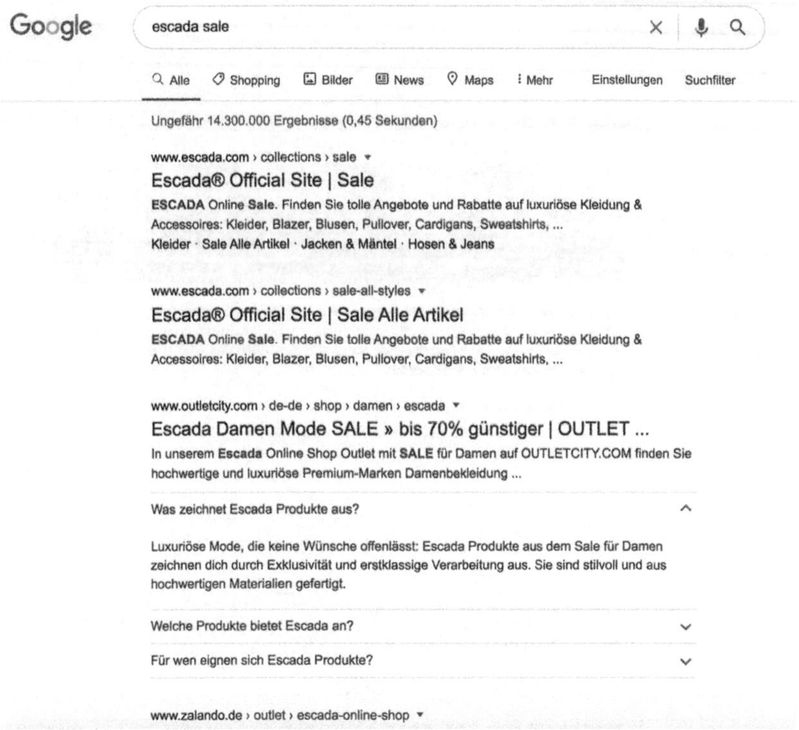

Abb. 3.22 Beispiel FAQ Snippet

Überblick über mögliche Ursachen. Wenn der Nutzer damit zufriedengestellt ist, wird er entweder den Browser schließen oder eine andere Suchanfrage starten. Da es sich aber in unserem Beispiel um einen komplexeren tiermedizinischen Sachverhalt handelt, ist die Wahrscheinlichkeit relativ hoch, dass der Nutzer auf das Featured Snippet klickt, um mehr Informationen zu erhalten.

Ein Featured Snippet ist also grundsätzlich eine gute Sache. Es steht immer an erster Position und ist größer als die anderen Top-10-Ergebnisse. Es ist also, wie der deutsche Name besagt, „hervorgehoben". Jedoch heißt das nicht zwingend, dass Sie Traffic auf Ihre Website bekommen. Die Featured Snippets verwendet Google nämlich vor allem

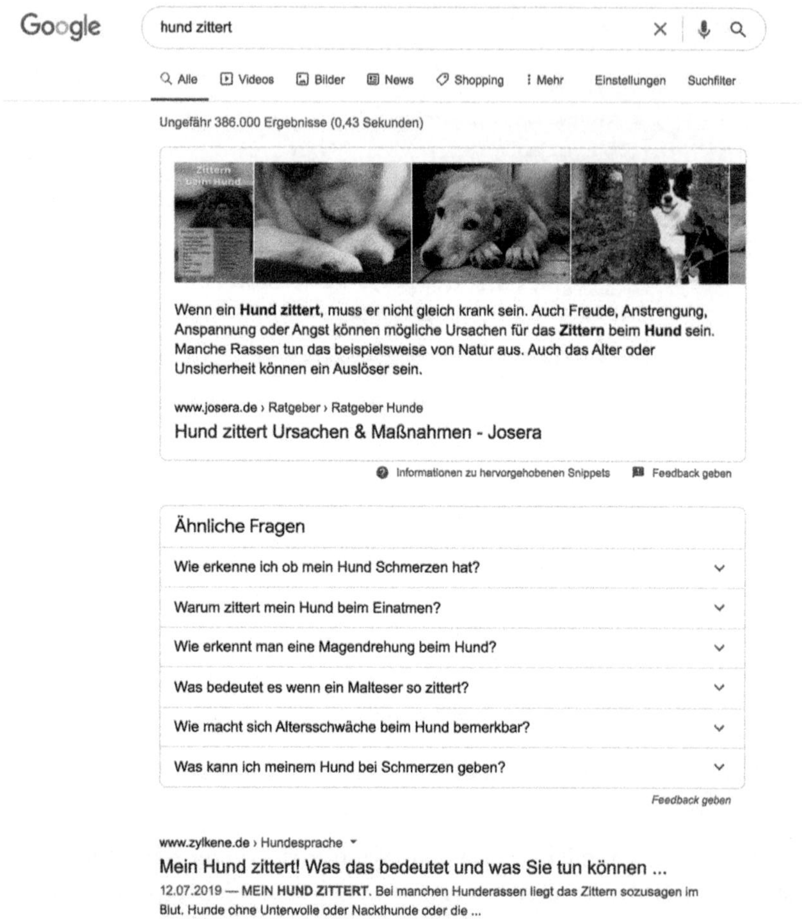

Abb. 3.23 Featured Snippet

dafür, Suchanfragen der Nutzer direkt zu beantworten. Die Nutzer müssen dann gar nicht mehr auf ein Suchergebnis klicken, daher heißen diese Suchergebnisse auch „No-Click-Searches" (vgl. Glossar). Die Abb. 3.24 und 3.25 stellen einige Beispiele für No-Click-Searches dar.

Wenn Ihre Seite das Featured Snippet bekommt, steht es also prominent in den Suchergebnissen. Für welche Suchanfragen Google ein solches ausspielt, entscheidet die Suchmaschine nach ihren eigenen

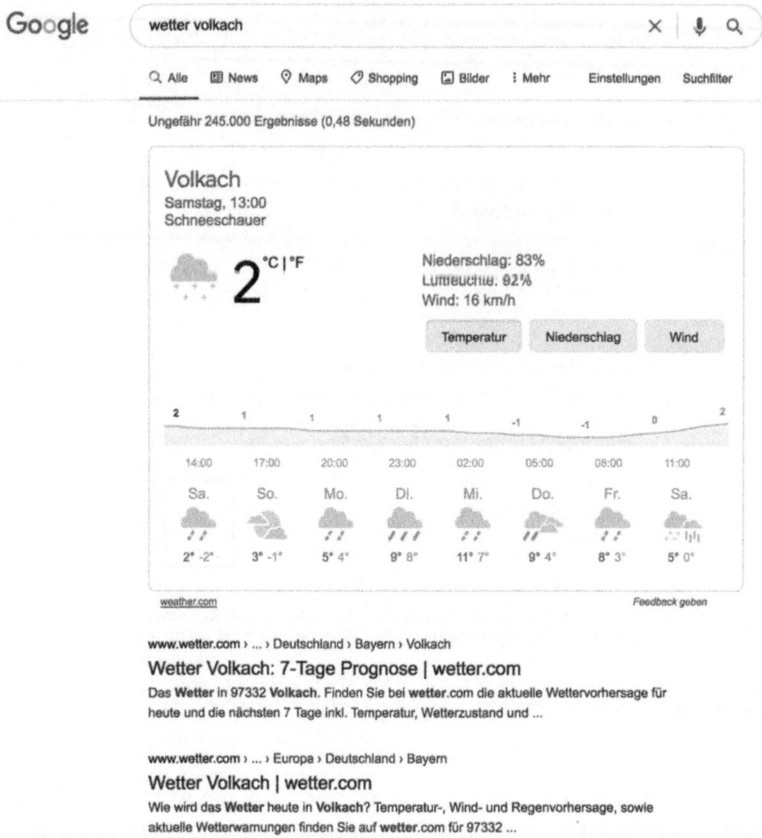

Abb. 3.24 Beispiel 1 No-Click-Searches

Regeln – es gibt nicht bei jeder Anfrage ein Featured Snippet. Meistens bekommen die Nutzer bei sogenannten „Know-Simple"-Suchanfragen eines angezeigt. Dabei handelt es sich um Anfragen, die das Featured Snippet korrekt und vollumfänglich in 1 bis 2 Sätzen oder in einer kurzen Liste beantworten kann, hierzu gehören vor allem Definitionen. In der Regel spielt Google dieses Snippet also bei informationalen Suchanfragen aus, bei transaktionalen Keywords eher nicht.

Die Wahrscheinlichkeit, dass die Nutzer darauf klicken, ist aber nicht größer als bei einem „normalen" Snippet auf Position 1. Denn viele

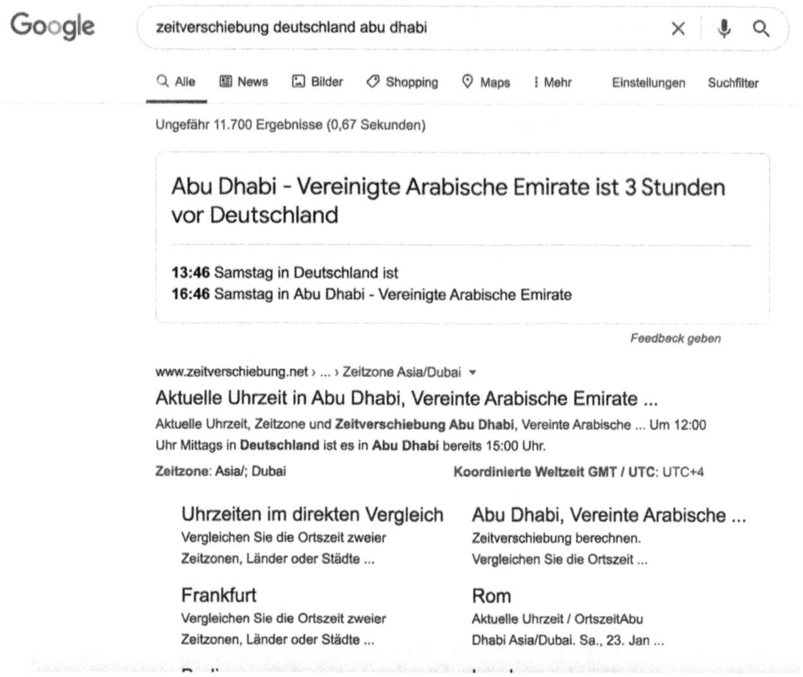

Abb. 3.25 Beispiel 2 No-Click-Searches

Nutzer werden die Suchanfrage ändern oder Google sogar schließen, da ihre Frage ja direkt beantwortet wurde. Dennoch besteht die Chance, dass die Nutzer durch das Featured Snippet auf Ihre Website aufmerksam und neugierig werden. Ein Teil ist vielleicht auch noch gar nicht mit der Suche fertig und möchte mehr Informationen haben. Insbesondere bei komplexeren Fragestellungen dient das Featured Snippet dann als Einstieg in das Themengebiet. **Und die Aufmerksamkeit ist Ihnen dann durch das „hervorgehobene Suchergebnis" natürlich sicher.** Zudem haben Sie mit dem Featured Snippet die Möglichkeit, sich vor dem Wettbewerb zu positionieren, auch wenn Google Ihre Website eigentlich nicht als die Beste bewertet. Denn die Suchmaschine nimmt für das Featured Snippet nicht einfach die Website her, die bei einem „normalen" Suchergebnis auf der Pole Position steht. Sie verwendet stattdessen das Suchergebnis, das die Inhalte einfach und gut strukturiert, sodass sie sich für das hervorgehobene Suchergebnis eignen. Sie können damit also Ihre Wettbewerber, sogar die Big Player, abhängen, die normalerweise vor Ihnen stehen, weil Google diese insgesamt besser bewertet. Sie sehen auch hier wieder: Hochwertiger bzw. durchdachter Content zahlt sich aus.

Wenn Sie Ihre Website für die Sprachsuche optimieren, ist das Featured Snippet ein besonders wichtiges Element für Sie. Bei der sogenannten Voice Search sprechen die Nutzer ihre Suchanfrage und die Antwort wird von einem Sprachassistenten wie Alexa, Siri oder Google Home vorgelesen. Diese lesen dabei immer nur eine Antwort vor – nicht alle Top-10 Ergebnisse – und diese kommt fast immer aus dem Featured Snippet. Es muss natürlich eines für die gestellte Frage ausgespielt werden. Laut einer Studie der Digital Agentur Roast trifft dies allerdings auf 80 % der Suchanfragen zu, die Google Home, der Sprachassistent der Suchmaschine, beantwortet. **Die Chance, dass Sie per Sprachsuche die Aufmerksamkeit der Nutzer bekommen, wenn Ihr Featured Snippet vorgelesen wird, ist also sehr hoch.** Auch wenn Sie keinen Traffic dadurch direkt generieren: Die Nutzer nehmen Sie wahr und das stärkt Ihr Markenimage. Etwas sehr Wertvolles in der digitalen Welt – und etwas, das bei der steigenden Verwendung der Voice Search auch ohne Featured Snippet nicht möglich ist. Da die Sprachassistenten nur ein Ergebnis vorlesen – also in der Regel das hervorgehobene Suchergebnis – sind Sie unsichtbar, wenn Sie Ihre Website nicht für ein Featured Snippet optimieren.

Ob Sie das Featured Snippet bei einer Suchanfrage bekommen, können Sie nur bedingt beeinflussen. Sie können aber grundsätzlich für unendlich viele ausgespielt werden, solange Ihre Inhalte passen. Ein paar Kriterien gibt es zudem, welche die Wahrscheinlichkeit dafür erhöhen. Dabei geht vor allem um 2 Dinge: Dass die Inhalte auf Ihrer Webseite wirklich zur Suchanfrage passen. Und dass Sie diese für Google korrekt strukturieren:

- **Prüfen Sie zunächst, ob Google für Keywords/Suchanfragen, für die Ihre Seite relevant ist, ein Featured Snippet ausspielt.** Dies können Keywords sein, auf die Sie Ihren Inhalt optimiert haben. Es können aber auch solche sein, für die Sie bereits ranken, ohne dass Sie Ihre Seite darauf optimiert haben. Da die Suchmaschine hervorgehobene Snippets vor allem bei Fragen ausspielt, sollten Sie gezielt nach diesen suchen. Hierbei kann Ihnen das Tool Sistrix helfen. Dieses hat eine Funktion, mit der Sie die Keywords, für die Sie ranken, danach filtern, ob ein Featured Snippet vorhanden ist (siehe Abb. 3.26). Oder Sie nutzen die Daten aus der Google Search Console und sehen sich manuell die Suchergebnisse für Fragen an, für die eine Ihrer URLs bereits rankt.
- **Prüfen Sie dann, ob Ihre Seite für die jeweilige Suchanfrage bereits in den Top-10 rankt.** Denn dann ist es viel wahrscheinlicher, dass Google Ihr Snippet featured, als wenn sich das Ranking auf Seite 2 oder schlechter befindet.
- Schauen Sie sich dann an, um welche Art des Featured Snippet es sich handelt und **optimieren Sie dann entsprechend Ihren Content** so, dass er zur Suchanfrage passt.

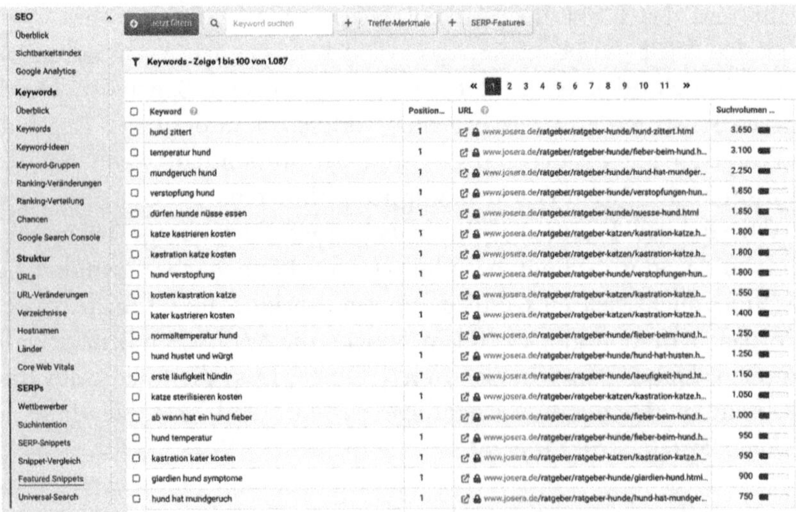

Abb. 3.26 Featured Snippet-Funktion des Tools Sistrix

- **Das Textabsatz-Snippet beantwortet eine Frage oder gibt eine Definition** (siehe Abb. 3.27). Hierfür verwendet Google Textabschnitte mit 25 bis maximal 50 Wörtern. Eine möglichst einfache Sprache erhöht Ihre Chancen. Zudem sollten Sie eine H2-Überschrift über den Textabschnitt setzen mit der Suchanfrage, für welche die Suchmaschine das Featured Snippet ausspielt. FAQ-Seiten sind besonders gut geeignet. Denn hier könnten Sie gleich mehrere Suchanfragen, für die es ein Textabsatz-Snippet gibt, bedienen.
- **Das Listen-Snippet dient für Suchanfragen, die durch eine Anleitung oder Aufzählung beantwortet werden können** (siehe Abb. 3.28). Dabei übernimmt Google nicht immer die gesamte Liste aus einer Webseite, sondern maximal 8 Punkte. Wenn es mehr gibt, punktet die Suchmaschine den fehlenden Inhalt bzw. verweist sogar darauf, dass es noch mehr Punkte gibt. Das kann bei den Nutzern dann Interesse auslösen, auf das Suchergebnis zu klicken. Um das

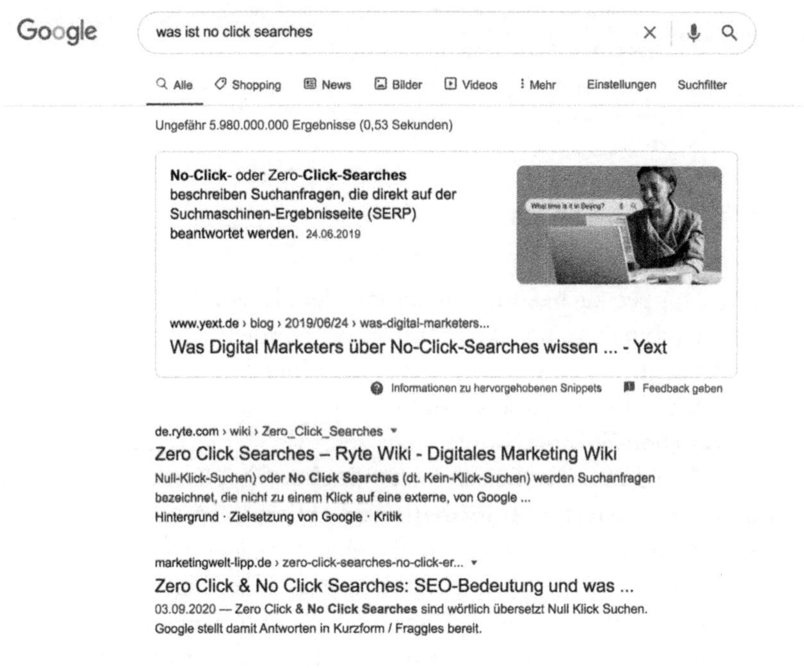

Abb. 3.27 Beispiel Textabsatz-Snippet

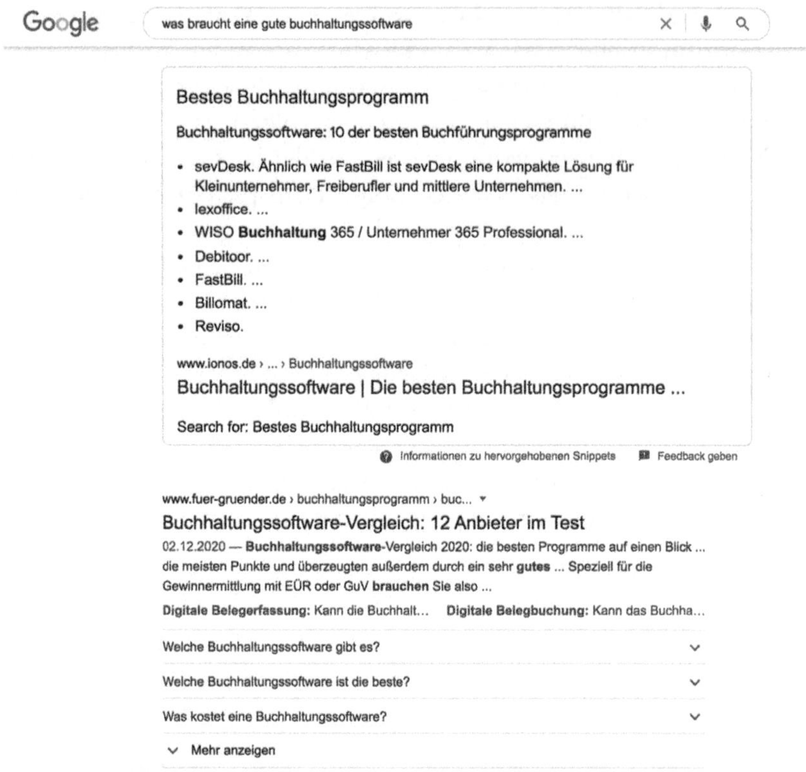

Abb. 3.28 Beispiel Listen-Snippet

Listen-Snippet zu bekommen, muss Google erkennen, dass es sich bei Ihren Inhalten um eine Auflistung handelt. Dies ist durch die entsprechenden HTML-Tags möglich. Oder Sie strukturieren Ihren Inhalt mit Hilfe von Überschriften.

- Das **Tabellen-Snippet** findet man sehr viel seltener in den SERPs (siehe Abb 3.29). Es **beantwortet Suchanfragen mit Vergleichen und zahlenbasierten Informationen.** Hierbei ist es sehr wichtig, dass sich die Inhalte tatsächlich für eine Tabelle eignen. Ein Beispiel wären Schneeberichte oder Skigebiete. Auch das Tabellen-Snippet ist begrenzt: Es sind maximal 3 Spalten und 9 Zeilen möglich. Wenn mehr Zeilen vorhanden sind, geben Sie den Nutzern wie beim Listen-Snippet einen Anreiz zum Klicken. In Abb. 3.29 ist dies zu sehen.

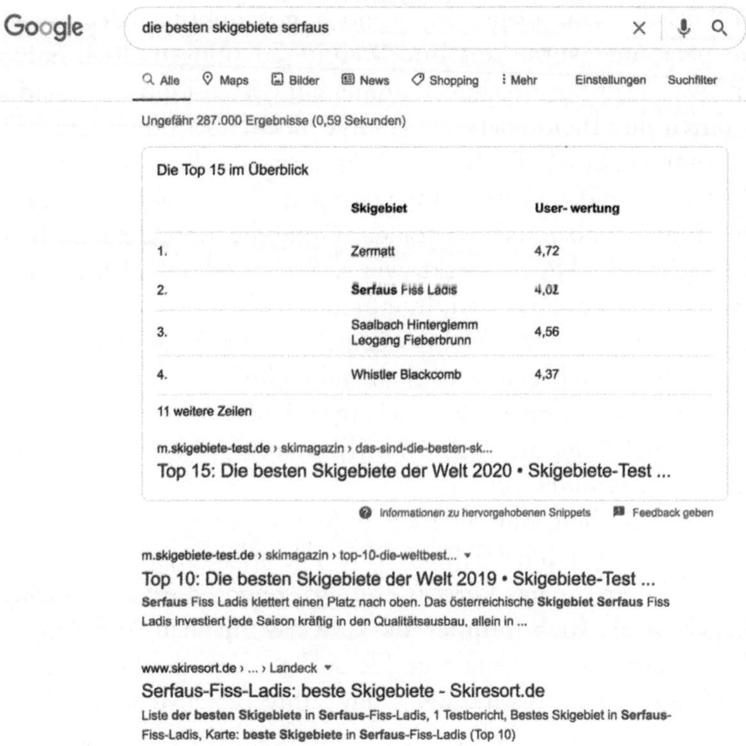

Abb. 3.29 Beispiel Tabellen-Snippet

Hinweis: Mit dem Meta-Tag <meta name=„googlebot“ content=„nosnippet“> könnten Sie verhindern, dass Google Ihre Webseite als Featured Snippet hernimmt. Jedoch ist das nicht zu empfehlen. Denn in diesem Fall zeigt die Suchmaschine für Ihr Suchergebnis auch keine Meta-Description mehr an. Das heißt, die Nutzer würden nur sehr schwer verstehen, was sie auf Ihrer Seite erwartet und sich daher für diese seltener entscheiden als für die Suchergebnisse mit Description. Zudem nimmt sich Google dann auf jeden Fall ein anderes Ergebnis aus den Top-10 für das Featured Snippet – und die Aufmerksamkeit geht dann an einen Wettbewerber.

Im Gegensatz zum Featured Snippet, das von Google abhängig ist, können Sie beim **Rich Snippet dessen Darstellung in den SERPs**

selbst beeinflussen. Daher ist es noch gewinnbringender, wenn es darum geht, die Nutzer auf Ihre Website zu bringen. Rich Snippets stehen zwar nicht hervorgehoben immer auf der Position 1, sie sind also nicht durch ihre Positionierung hervorgehoben, aber durch ihre Größe. Sie bekommen durch Elemente im Snippet wie Bewertungen, Preisangaben oder Bilder mehr Aufmerksamkeit. Gleichzeitig erzeugen Sie bei den Nutzern aber auch Vertrauen. Ohne die Webseite besuchen zu müssen, sehen die Nutzer direkt, wie viel ein Produkt bei Ihnen kostet oder wie gut Sie bewertet sind. Interpretieren die Nutzer dies als positiv, werden Sie sich mit hoher Wahrscheinlichkeit für Ihr Suchergebnis entscheiden. Denn Sie haben ja anscheinend nichts zu verbergen, wenn Sie diese Informationen bereits im Suchergebnis darstellen. Steigt dadurch Ihre CTR (vgl. Glossar) – also die Klickrate – wirkt sich das wieder positiv auf Ihr Ranking aus.

Damit Ihr Suchergebnis als Rich Snippet angezeigt wird, müssen Sie die entsprechenden Inhalte Ihrer Seite mit strukturierten Daten auszeichnen. **Haben Sie das korrekt erledigt, zeigen die Suchmaschinen Ihr Ergebnis als Rich Snippet an.** Und das unabhängig davon, nach welchem Keyword die Nutzer gerade suchen. Auf die Platzierung hat es allerdings keine Auswirkung. Damit Ihre Seitenvorschau als Rich Snippet angezeigt wird, sollten Sie dies mithilfe eines geeigneten Tools testen. Das Rich Snippet Testing Tool prüft bspw., ob die Voraussetzungen erfüllt sind.

Literatur

Aschermann, T. (2018). *Praxistipps focus: Füllwörter: Diese Wörter sollten Sie in guten Texten vermeiden.* https://praxistipps.focus.de/fuellwoerter-diese-woerter-sollten-sie-in-guten-texten-vermeiden_99717. Zugegriffen: 28. Dez. 2020.

BVDW. (o. J.). *Glossar: Keyword.* https://www.bvdw.org/glossar/. Zugegriffen: 24. Aug. 2020.

Google Search Central. (2020). *English google webmaster central office-hours from March 31, 2020.* https://www.youtube.com/watch?t=2197&v=L9GN4VX6xww&feature=youtu.be. Zugegriffen: 28. Dez. 2020.

Horschig, M. (o. J.). *Leseverhalten im Web: So wenig wird wirklich gelesen.* https://www.maria-horschig.de/leseverhalten-im-web/. Zugegriffen: 5. Sept. 2020.

Huesmann, Dr. A. (2018). *Gute Texte haben einen guten Satzbau.* https://www.die-schreibtrainerin.de/gute-texte-haben-einen-guten-satzbau/. Zugegriffen: 14. Aug. 2020.

Kubitz, E. (2013). *Seminar: „Texte redigieren“.*

Kubitz, E. (2018). *Seminar: „SEO für die Redaktion“.*

Morawietz, D. (o. J.). *Vom Lesen und nicht Lesen im Netz.* https://webartisan.de/lesen-im-netz/. Zugegriffen: 5. Sept. 2020.

netzstoff. (o. J.). *Faustregeln für gut lesbare Texte.* https://netzstoff.de/faustregeln-fuer-gut-lesbare-texte/. Zugegriffen: 5. Sept. 2020.

Onlinemarketing Praxis. (o. J. a.). *Glossar: Keyword.* https://www.onlinemarketing-praxis.de/glossar/keyword. Zugegriffen: 24. Aug. 2020.

Onlinemarketing Praxis. (o. J. b.). *Glossar: Keyword-Density.* https://www.onlinemarketing-praxis.de/glossar/keyword-density-suchwortdichte-keyword-dichte. Zugegriffen: 24. Aug. 2020.

orange services. (2016). *Wie viele Suchanfragen beantwortet Google.* https://orange-services.de/de/artikel/newskategorie/wie-viele-suchanfragen-beantwortet-google. Zugegriffen: 24. Aug. 2020.

Ryte. (o. J.). *Ryte Wiki: Suchvolumen.* https://de.ryte.com/wiki/Suchvolumen. Zugegriffen: 24. Aug. 2020.

searchmetrics. (o. J. a). *Glossar: Google panda update.* https://www.searchmetrics.com/de/glossar/google-panda-update/. Zugegriffen: 27. Dez. 2020.

searchmetrics. (o. J. b). *Glossar: Suchintention.* https://www.searchmetrics.com/de/glossar/suchintention/. Zugegriffen: 26. Aug. 2020.

usability.de. (o. J. a). *Und sie lesen doch! Studie zum Leserverhalten im Internet.* https://www.usability.de/usability-user-experience/publikationen/leseverhalten-internet.html. Zugegriffen: 5. Sept. 2020.

usability.de. (o. J. b). *Usability & user experience.* https://www.usability.de/usability-user-experience.html. Zugegriffen: 3. Jan. 2021.

videoboost. (2015). *Text vs. Bild – Darum spielen visuelle Darstellungen eine Schlüsselrolle.* https://www.videoboost.de/visuelle-darstellungen-vorteile. Zugegriffen: 27. Sept. 2020.

Weiterführende Literatur

Anh Tran, N. (2020). *John Müller: Diese Auswirkungen haben versteckte Inhalte für SEO.* https://www.onlinesolutionsgroup.de/blog/john-mueller-diese-auswirkungen-haben-versteckte-inhalte-fuer-seo/. Zugegriffen: 28. Dez. 2020.

Baron, N. S. (2008). *Always On: Language in an Online and Mobile World.* Oxford University Press Inc.

Brien, J. (2015). SEO: *So oft klicken Nutzer auf die ersten Positionen der Suchergebnisse.* https://t3n.de/news/seo-nutzer-suchergebnisse-650974/. Zugegriffen: 27. Jan. 2021

Doll, M. (2020). *Featured Snippets erstellen. SEO für „Position 0".* https://www.luna-park.de/blog/27703-featured-snippet/. Zugegriffen: 3. Okt. 2020.

Eiring Dr., B. (26.10.2015). *Mehr Umsatz mit besseren Produkttexten. Internet World.* https://www.internetworld.de/seo-sea-performance/google/umsatz-besseren-produkttexten-1032525.html?page=1_optimierungsstrategien-fuer-produkttexte#gref. Zugegriffen: 7. Jan. 2021.

Eiring Dr., B. (29.10.2015). *Produkttexte schreiben, die zum Kauf bewegen. Internet World.* https://www.internetworld.de/seo-sea-performance/google/umsatz-besseren-produkttexten-1032525.html?page=1_optimierungsstrategien-fuer-produkttexte#gref. Zugegriffen: 7. Jan. 2021.

Eiring Dr., B. (2016). *Semantische Keyword-Recherche - Die Suche nach den richtigen Wörtern.* Website Boosting Ausgabe #37. https://www.websiteboosting.com/magazin/37/semantische-keyword-recherche-die-suche-nach-den-richtigen-woertern.html. Zugegriffen: 7. Jan. 2021.

Google Search Central. (o. J. a). *Häufig gestellte Fragen mit strukturierten Daten versehen.* https://developers.google.com/search/docs/data-types/faqpage?hl=de. Zugegriffen: 3. Okt. 2020.

Hall, E. (2020). *Study: How often google ignores our meta descriptions.* https://www.portent.com/blog/seo/how-often-google-ignores-our-meta-descriptions.htm. Zugegriffen: 24. Okt. 2020.

Kaliner, D., & Koch, D. (2019). *Visuelle Suchmaschinen: Google kann jetzt gucken.* https://t3n.de/magazin/visuelle-suchmaschinen-google-gucken-247315/. Zugegriffen: 26. Sept. 2020.

Meyer, F. (2019). *Bilder-SEO: Werde mit Deinen Bildern gefunden!* https://www.seokratie.de/bilder-seo/. Zugegriffen: 26. Sept. 2020.

Reimann, J. (2015). *Lesen im Web Teil 1: So wenig wird wirklich gelesen.* https://www.textschoepfung.de/wenig-gelesen-im-web151271/. Zugegriffen: 5. Sept. 2020.

Webcampus. (2017). *Die 8 Sekunden Aufmerksamkeitsspanne - Gibt es sie wirklich?* https://www.webcampus.de/blog/104/die-8-sekunden-aufmerksamkeitsspanne-gibt-es-sie-wirklich. Zugegriffen: 19. Jan. 2021.

4 Best Practices für Social-Media-Content

Social Media-Portale sind eine Welt für sich mit noch einmal anderen Spielregeln als die Suchmaschinen. Diese im Detail zu beschreiben, würde den Rahmen dieses Buches sprengen. Dennoch sollen Sie in seinem Rahmen einige essentielle Punkte erfahren, die für den Erfolg Ihrer Online-Inhalte entscheidend sind. **Social Media Content** ist zum einen natürlich auch **Online-Inhalt, den Sie gewinnbringend für sich nutzen können.** Zum anderen kann Social Media Content **helfen, dass Ihre Webseiten-Inhalte gelesen werden.** Genau das ist von Interesse für dieses Buch und auch für Sie, wenn Sie mehr Leser gewinnen wollen. Zudem sind die Spielregeln in den Sozialen Medien denen der Suchmaschinen gar nicht so unähnlich. Es lassen sich viele Parallelen ziehen und damit Erfahrungen sowie Synergie-Effekte für die verschiedenen Kanäle nutzen. Wenn Sie die einen Spielregeln beherrschen, ist es gar nicht so schwer, auch nach den anderen zu spielen.

B. Eiring, *Guten Content schreiben*, https://doi.org/10.1007/978-3-658-33657-8_4

4.1 Bedeutung von Social Media

Seitdem das erste Soziale Netzwerk, SixDegrees, 1997 an den Start ging, haben sich die Sozialen Medien eine bedeutende Stellung in der digitalen Welt erobert. Sie sind nicht mehr wegzudenken, dienen nicht mehr nur dem sozialen Kontakt und Netzwerken, sondern **ersetzen teilweise auch die Suchmaschinen bei der Informationsgewinnung.** In Facebook werden News und andere Informationen geteilt und ausgetauscht. YouTube ist eine eigene Suchmaschine geworden, in der die Nutzer nach Tutorials, Inspirationen oder Produktinformationen suchen. Wer sich zu einem Thema ein Video ansehen will, konsultiert Google oftmals schon gar nicht mehr, sondern sucht direkt in der Video-Plattform. **YouTube ist inzwischen die zweitgrößte Suchmaschine weltweit** und nach Google die am häufigsten besuchte Seite. Insbesondere bei informationalen „How-to"-Suchanfragen ist die Plattform eine wichtige Anlaufstelle geworden. Die Anzahl dieser Suchanfragen bei YouTube wachsen jährlich um 70 %.

Aber genauso boomt die Influencer-Welt auf Instagram. Hier lassen sich die Nutzer von Meinungsführern inspirieren und informieren, Kaufempfehlungen und Tipps für alle Bereiche des Lebens geben. **Um Produkte online zu vermarkten, kommen Unternehmen kaum noch um Instagram herum** – und das nicht nur, weil sie dort Ads schalten können. Das Portal mit seiner Kultur des Influencer-Marketings nimmt eine stetig wachsende Bedeutung im Customer-Journey-Prozess ein. Insbesondere jüngere Zielgruppen, die Millenials bzw. die Generation Z, tummeln sich hier und „hören" auf die Empfehlungen der Influencer. Durch deren Stories und Beiträge entsteht ganz oft der erste Kontakt zu Marken und Produkten, die dann später konsumiert werden. Denn der beliebte und geschätzte Influencer hat diese empfohlen. Die Bedeutung und Reichweite dieser „neuen" Meinungsführer ist nicht zu unterschätzen.

Social Media ist aber nicht nur auf den B2C-Bereich begrenzt. **Mit XING und LinkedIn gibt es zwei wichtige Plattformen für Unternehmen, deren Zielgruppe nicht die Endkonsumenten sind.** Obwohl als Networking- und Recruiting-Plattform gestartet, ist vor allem

LinkedIn inzwischen mehr als das: Dort können Sie Ihren Content ebenfalls spielen, sich als Experte darstellen und insgesamt Ihre Reichweite so erhöhen, dass Ihre Texte nicht nur gelesen werden, sondern auch Ihre Bekanntheit steigt.

Da es in diesem Buch vor allem um Texte geht, werden die rein bildlastigen sowie die Video-Plattformen, z. B. Pinterest, Snapchat, YouTube oder TikTok, nicht besprochen. Auch Twitter wird hier nicht thematisiert. Stattdessen konzentrieren wir uns auf Facebook und Instagram sowie LinkedIn und XING und beleuchten, wie Sie diese für Ihren Content-Erfolg nutzen können.

4.2 Die Spielregeln von Facebook

Weltweit ist Facebook das größte Social Media-Portal mit über 2 Mrd. aktiven Nutzern. Ein Teil Ihrer Zielgruppe wird sich hier also auf jeden Fall aufhalten. Wenn Sie ein privates Profil auf Facebook haben, können Sie eine Unternehmensseite erstellen, dessen Admin Sie sind. Das private Profil ist immer Voraussetzung, dass Sie eine Seite für Ihren geschäftlichen Auftritt anlegen.

Mit einem Unternehmensauftritt in Facebook können Sie

- Ihre Marke entwickeln und weiter ausbauen.
- Ihre Reichweite und Bekanntheit steigern.
- Eine Community aufbauen.
- Direkt mit Ihrer Zielgruppe kommunizieren.
- Bestandskunden und Interessenten ansprechen.

Zudem hat dies einen entscheidenden Vorteil im Vergleich mit den Suchmaschinen: Die Nutzer kommen mit Ihren Inhalten nicht aktiv in Kontakt, sondern passiv. Alle Facebook-Nutzer, die Ihrer Seite folgen und sie abonniert haben (die sogenannten Follower), sehen Ihre geteilten Inhalte. Sie müssen nicht mehr darauf warten, dass die Nutzer etwas suchen und über Google aktiv auf Ihre Seite kommen. Sie können Ihren Followern Ihre Inhalte passiv zukommen lassen, indem

Sie diese teilen. Knackpunkt ist natürlich: Sie müssen die Follower erst einmal gewinnen.

Um Follower auf Facebook zu gewinnen, stehen Ihnen folgende Möglichkeiten zur Verfügung

- Sie nutzen die Werbemöglichkeiten auf Facebook und **schalten Ads für Ihre Unternehmensseite.** Die Plattform bietet Ihnen hier mit der Facebook Business Suite ein eigenes Tool, mit dem Sie die Zielgruppe und weitere Parameter für Ihre Ads wie Budget, Reichweite oder Zeitraum einfach einstellen können.
- **Sie teilen die Beiträge Ihrer Unternehmensseite mit Ihrem privaten Profil.** Ein privates Profil ist die Voraussetzung, um eine Unternehmensseite auf Facebook aufbauen zu können. Machen Sie sich dies zunutze, so werden erst einmal Ihre eigenen Freunde / Kontakte auf Ihren Unternehmensauftritt aufmerksam. Das ist oft der erste Schritt für eine wachsende Followerzahl. Bitten Sie auch Ihre Mitarbeiter, die Unternehmensbeiträge zu liken und zu teilen. So wird deren Facebook-Netzwerk ebenfalls auf Sie aufmerksam.
- **Sie liken andere Seiten und teilen andere Beiträge, um auf sich aufmerksam zu machen.** Seien Sie hier ruhig großzügig, es lohnt sich. Je mehr Aufmerksamkeit Sie anderen schenken, desto mehr bekommen Sie zurück.
- **Sie nutzen Ihr Netzwerk und bitten Freunde und Kontakte direkt, Ihre Seite zu liken.** Facebook bietet hierfür sogar eine Funktion „Freunde einladen". Dadurch wird Ihr Netzwerk automatisch aufgefordert, Ihre Seite zu liken.
- **Sie bewerben Ihre Facebook-Seite außerhalb der Plattform.** Binden Sie das Facebook-Symbol, genau wie alle anderen Symbole der Social Media-Portale, auf denen Sie aktiv sind, auf Ihrer Website, Ihren Newslettern und anderen Medien ein. Auch mit Flyern und Plakaten können Sie in Ihren Geschäftsräumen auf Ihre Seite verweisen.

- Aber das Wichtigste: **Sie veröffentlichen hochwertige Inhalte.** Am Ende des Tages sind es nämlich wieder die Inhalte, die dafür sorgen, dass Sie mehr Follower und dadurch mehr Reichweite generieren.

Auf Facebook können Sie folgende Inhalte veröffentlichen:

- **Beiträge im News-Feed** (vgl. Glossar), **sog. Updates,** mit reinem Text, Fotos sowie Videos mit/ohne Text und Links zu Ihrer oder anderen Webseiten.
- **Stories sind ein zusätzliches Medium des Sozialen Netzwerks,** die nur 24 h sichtbar sind und dann wieder verschwinden. In einer Story können Sie ebenfalls Bilder und Videos veröffentlichen, aber auch News-Feed-Beiträge und Veranstaltungen teilen. Weiterhin können Sie den Bildern und Videos auch Texte hinzufügen sowie die Stories mithilfe von Kreativtools mit Stickern, Musik oder sogar Umfragen versehen.

Facebook belohnt Sie für hochwertige Inhalte, ähnlich wie Google, mit Top-Platzierungen in den Suchergebnissen. Der Algorithmus der Plattform schlägt den Nutzern nämlich immer wieder Seiten vor, die für sie interessant sein könnten, und unterstützt Sie damit, mehr Aufmerksamkeit zu bekommen. **Ziel ist dabei aber, genau wie bei Google, dass die Seiten für die Nutzer relevant sind.** Daher wertet der Facebook-Algorithmus die Seiten nach Keywords und weiteren bestimmten Faktoren aus. Relevanz erhalten Sie durch hochwertige Inhalte in Ihrem News-Feed und Ihren Stories sowie, indem Sie die Content-Bereiche, die Ihnen Facebook auf einer Unternehmensseite zur Verfügung stellt, gut pflegen.

Folgende Content-Bereiche gibt es bei Facebook für Unternehmensseiten:

- **„Info"**, linke Spalte der Unternehmensseite. Hier sollten Sie alle wichtigen Daten wie Adresse, Telefonnummer, E-Mail, Öffnungszeiten, Branche etc. pflegen und immer aktuell halten.
- **„Zusätzliche Informationen"**, linke Spalte der Unternehmensseite. Hier können Sie Ihr Unternehmen in einem kurzen Text

beschreiben. Die „zusätzliche Informationen bieten Ihnen die Möglichkeit, in einem längeren Text auch Ihre Philosophie und Ihre Werte zu beschreiben. Verwenden Sie dabei Keywords, als Schlagwörter, die deutlich machen, für welche Zielgruppe Sie relevant sind.

Neben diesen feststehenden Bereichen kommt es aber vor allem auf Ihre Beiträge an. Diese werden entweder im Feed geteilt oder als Story gepostet. **Genau wie Google achtet Facebook darauf, wie gut Ihre Inhalte ankommen.** Wenn sie gut ankommen, werden sie mehr Nutzern in deren Feeds angezeigt. Es ist nämlich mitnichten so, dass alle Ihre Follower automatisch Ihre Beiträge sehen. Facebook filtert hier und zeigt den Nutzern vor allem die Beiträge prominent an, die für sie am relevantesten sind. Diejenigen, die als nicht so relevant angesehen werden, sind daher auch weniger „sichtbar". Damit Sie sehen, wie gut Ihre Inhalte ankommen, nutzen Sie die Seiten-Insights. Diese stellt Ihnen Facebook als Analysetool zur Verfügung.

4.2.1 Content für Facebook, der wirkt

Zwar konsumieren die Nutzer bei Facebook passiv Ihre Inhalte, weil sie ihnen angezeigt werden, ohne dass sie danach suchen. Dennoch ist Facebook kein Selbstläufer, da der Algorithmus der Plattform die Inhalte selektiert. Genau wie bei den Suchmaschinen sind verschiedene Faktoren entscheidend, welche Inhalte konkret im persönlichen Feed eines Nutzers angezeigt werden. **Im Feed sieht er nur die Beiträge, die der Algorithmus als am relevantesten für ihn einstuft.** Prinzipiell könnte Facebook in einem Feed mehr als 1500 Postings anzeigen, in Realität sind es aber nur etwa 300. Diese sind wiederum sortiert von wichtig nach unwichtig. Für die Sortierung verwendet der Algorithmus tausende Faktoren, die für jedes Nutzerprofil unterschiedlich sind. Ein ganz essentieller Punkt ist aber immer die Interaktion der Follower mit den Inhalten. Wenn kein Nutzer durch Teilen und Liken auf Ihre Posts reagiert, ist Ihre Reichweite automatisch gering. Der Algorithmus nimmt dann an, dass Ihre Inhalte uninteressant sind. **Die Währung, auf die es in Facebook ankommt, sind Likes und Shares (das**

Teilen von Beiträgen). Sie erreichen diese am besten, wenn Sie zielgruppengerechten Content erstellen. Es ist daher unerlässlich herauszufinden, was Ihrer Zielgruppe gefällt. Ein allgemeines Gefühl dafür kann Ihnen die Keyword-Recherche für Ihre Website vermitteln, mit der Sie ja bereits zielgruppenrelevante Fragen, Probleme und Bedürfnisse ermittelt haben. Da es aber in Facebook vor allem um das Gefallen der Inhalte geht, gilt: Try and error. Je mehr Sie ausprobieren, desto schneller werden Sie herausfinden, was bei Ihrer Zielgruppe konkret gut ankommt und was nicht. Hierbei unterstützen Sie, wie bereits erwähnt, die Seiten-Insights. Prüfen Sie mit diesem Analyse-Tool, welche Beiträge am erfolgreichsten waren (Abb. 4.1). Diese können Sie sogar direkt aus den Seiten-Insights oder mit dem Facebook Business Manager noch einmal bewerben. Da Instagram zu Facebook gehört, können Sie Ihre Ads für beide Plattformen aus dem Business Manager heraus steuern.

Die Daten, die Ihnen das Tool liefert, wie Seitenaufrufe, Beitragsreichweite oder neue Abonnenten, lassen sich zudem exportieren und so für Reportings verarbeiten. Diese Daten sind äußerst wertvoll, um Ihren Content auf die Zielgruppe auszurichten. Nur was gefällt, kann

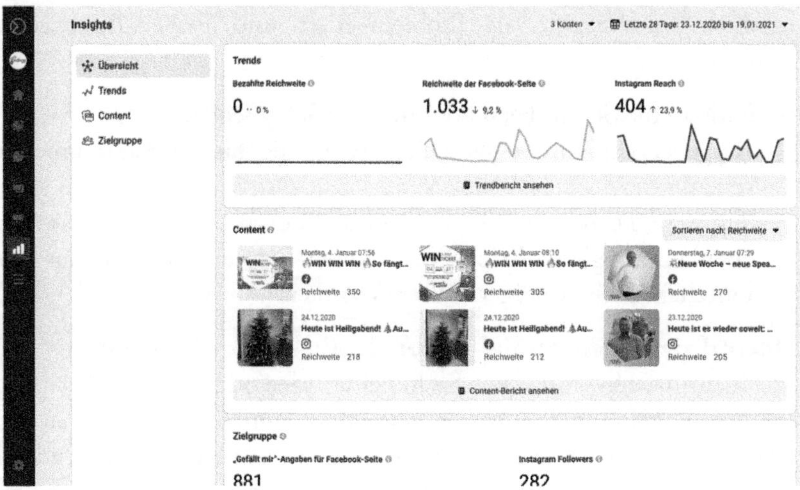

Abb. 4.1 Beispiel Facebook Seiten-Insights

auch wirken und erzeugt Reichweite. Jede Zielgruppe tickt da etwas anders. **Daher ist Ausprobieren wirklich der effizienteste Weg, um Ihre Inhalte zu optimieren.** Facebook unterstützt Sie hierbei mit einer weiteren Funktion, mit der Sie Beiträge nur für bestimmte Zielgruppen veröffentlichen können. Bevor Sie einen Beitrag veröffentlichen, klicken Sie auf das Fadenkreuzsymbol darunter und können dann die Zielgruppe dieses Beitrags nach Geschlecht, Alter, Standort, Sprache, Beziehungs- oder Bildungsstatus anpassen. So können Sie einen Teil Ihrer Zielgruppe noch gezielter ansprechen.

Abgesehen davon, dass Sie viel ausprobieren und verschiedene Beitragsarten mischen sollten, gibt es jedoch **einige Arten, die erfahrungsgemäß besser als andere in Facebook funktionieren.** Diese können Sie als erste Inspirationsquellen für sich nutzen:

- **Problem-Löser und** Fragen-Beantworter: Facebook ist eine soziale Plattform, daher steht auch der soziale Aspekt im Vordergrund. Die Nutzer tauschen sich aus und teilen Inhalte, von denen sie denken, dass sie für die eigenen Freunde ebenfalls nützlich sein könnten. Daher funktionieren Beiträge mit praktischem Wert generell sehr gut. Wenn Sie bereits in Ihrer Keyword-Recherche Fragen, Probleme und Bedürfnisse recherchiert haben, können Sie auf diese zurückgreifen. Inhalte, die als Problem-Löser und Fragen-Beantworter passen:
  - Videos, die Sie im Feed oder in Ihrer Story teilen.
  - Ratgeber aus Ihrem Webseiten-Blog, die Sie als Link im Feed teilen.
  - Tipps in Form von Grafiken oder Bildern; Text wäre natürlich ebenfalls möglich. Jedoch bekommen Beiträge, die nur aus Text bestehen, meist weniger Aufmerksamkeit.
- **Identifizierungspotential-Geber:** Es ist ein soziales Bedürfnis, sich zu identifizieren, mit einer Sache, einer Idee oder anderen Personen. Daher funktionieren auch Beiträge mit Identifikationspotential sehr gut, mit denen die Nutzer zeigen können, wer sie sind und wie sie denken. Sie werden gerne geteilt, weil die Nutzer dadurch mit anderen ins Gespräch kommen wollen, idealerweise mit Personen,

die genauso ticken wie sie selbst. **Inhalte, die als Identifizierungspotentiale-Geber passen:**

- Fragen, die Sie in Beiträgen oder in Stories an Ihre Follower stellen und diesen so die Möglichkeit geben, ihre Vorlieben und Interessen zu äußern.
- Umfragen, in denen Ihre Follower ihre Meinung mitteilen können.
- Beiträgen, in denen Sie 2 Varianten zur Wahl bzw. zur Diskussion stellen und unter denen die Nutzer kommentieren können, ob sie die eine oder andere besser finden.

- **Unterhalter und Zum-Lachen-Bringer:** Sozial bedeutet auch immer unterhaltsam. So sind Inhalte, mit denen Sie Ihre Follower unterhalten und zum Lachen bringen, ebenfalls meist sehr erfolgreich. Die meisten Nutzer besuchen Facebook nämlich, um sich abzulenken. Wichtig ist bei allen unterhaltsamen Beiträgen, dass diese dennoch einen Bezug zu Ihrem Unternehmen haben. Sie haben aber auch die Chance damit, sich authentisch und sympathisch darzustellen. Möglichkeiten wären lustige Anekdoten aus Ihrem Berufsalltag, der Bürohund, der etwas Drolliges macht, oder Fun Facts aus Ihrer Branche.

Egal, welche Beitragsart Sie nutzen, eine goldene Regel sollten Sie immer beherzigen: Binden Sie Ihre Follower ein, indem Sie Ihren Beitrag, ähnlich wie bei der Meta-Description Ihrer Webseite, mit einer Handlungsaufforderung beenden: „Wie siehst du das? Hinterlasse mir einen Kommentar! Klicke auf *Mehr Informationen* und schau dir unsere neuen Produkte an!" Damit hoffen Sie nicht passiv auf Interaktionen, sondern motivieren zur Handlung.

Erfolgsfaktoren für Ihren Facebook-Content

- **Authentizität & Persönlichkeit:** Noch weniger als in den Suchmaschinen möchten Nutzer auf den Sozialen Medien mit Werbung und SPAM-Beiträgen überhäuft werden. Nutzen Sie Ihr Facebook-Profil stattdessen dafür, Ihrem Unternehmen ein Gesicht zu geben.

Mit authentischen, persönlichen Posts kommen Sie weiter als mit werbelastigen oder typischen Standard-Floskeln. Texte sollten prägnant und aussagekräftig sein, Bildmaterial hochwertig und individuell. Als Faustregel raten Experten zu einem 80:20-Verhältnis von unterhaltsamem Content und Produkt-Promotion. Letztere sollte dennoch nicht durch plumpe Verkaufsparolen geschehen, sondern auf beratende, informierende Weise. Das ist viel authentischer, glaubwürdiger und sympathischer als wie ein Marktschreier die eigenen Produkte hochzuloben.

- **Strategie & Planung:** Mal eben über das schlechte Wetter berichten, dann wieder ein Produktbild posten und schließlich zurück zum Team-Event? Geben Sie Ihrem Content Struktur, indem Sie ihn planen. So verzetteln Sie sich nicht, unterstreichen Ihre Corporate Identity und Ihr Markenprofil, bleiben glaubwürdig und haben eine Grundlage für Ihr Beitragsmonitoring. **Das beste Medium für Ihre Facebook-Strategie ist ein Redaktionsplan. Teilen Sie ihn in mehrere Rubriken ein, die zu Ihrem Unternehmen passen.** Sie können die Beiträge dann mit der Planungsfunktion des Sozialen Netzwerks wöchentlich planen (siehe Abb. 4.2). Die Beiträge werden dann automatisch zu dem Zeitpunkt veröffentlicht, den Sie eingestellt haben. Dadurch sparen Sie sich Zeit und werden effizienter. In Ihrem Redaktionsplan können Sie zudem nicht nur die Themen festhalten, sondern ebenso, was Sie mit dem Beitrag erreichen wollten. Ist das angestrebte Ziel nicht erreicht, war der Content vielleicht nicht zielgruppengerecht oder wurde nicht den richtigen Nutzern ausgespielt. Dann können Sie mithilfe der Zielgruppensteuerung (unten dazu mehr) Ihrer Beiträge präziser aussteuern.
- **Regelmäßigkeit & Disziplin:** Erfolgreich in Facebook zu sein, ist kein Spaziergang. Insbesondere, wenn Sie keine Unsummen für Ads ausgeben wollen. **Um organisch eine gute Reichweite zu erzielen, kommt es tatsächlich auf die Regelmäßigkeit an, damit Ihre Beiträge im Feed Ihrer Follower erscheinen.** Facebook will einfach genutzt werden. Zudem erscheinen Sie nur dann glaubwürdig und zuverlässig, wenn Sie nicht nur alle Jubeljahre zu den Feiertagen oder zum Wochenende etwas posten. Social bedeutet: Kontakt zu halten zur Fangemeinde. Zu oft etwas zu posten, ist aber genauso

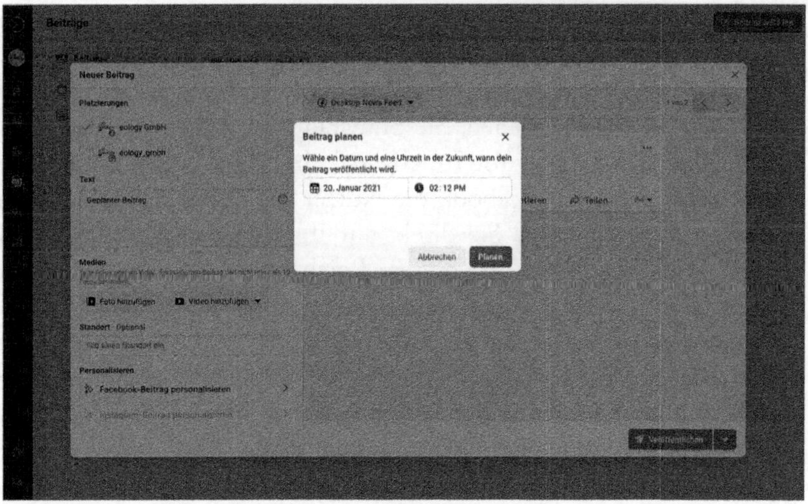

Abb. 4.2 Planungsfunktion für Beiträge auf Facebook

kontraproduktiv. Dann sind Ihre Follower schnell genervt oder Ihre Aktivitäten wirken erzwungen. Idealerweise posten Sie mehrfach die Woche relevante und interessante Inhalte.

- **Timing & Aktivität: Damit Ihre Inhalte gelesen werden, kommt es ist nicht nur darauf an, was sie posten, sondern auch wann.** Generell sind Facebook-Nutzer eher abends und am Wochenende aktiv, da es sich ja um ein Portal für Privatnutzer handelt. Dennoch kann es sein, dass dies bei Ihrer Zielgruppe anders ist, weil diese bspw. primär aus Studenten besteht, die auch tagsüber online sind. Oder Ihre Zielgruppe ist nur zu ganz bestimmten Zeiten, zum Beispiel Sonntagabend, besonders aktiv. Genau dann sollten Sie etwas posten. Probieren Sie dafür daher verschiedene Wochentage und Tageszeiten aus, um dann die Zeiten mit der höchsten Aktivität auszuwählen. Aus dieser Analyse ergibt sich automatisch die Frequenz Ihrer Beiträge. Informationen zu den Aktivitäten und Reaktionen auf Ihre Beiträge erhalten Sie in den Seiten-Insights,
- **Bilder & Videos:** Texte sind eine Beitragsart, die Sie auch mal verwenden können. Jedoch erzeugen laut der Marketing-Plattform

WishPond Fotos 120 % mehr Interaktion. **Verwenden Sie hochwertige Fotos für Ihre Unternehmensseite – und Videos.** Die Nutzer sehen sich diese gerne an, lieber, als sie Texte lesen, und auch lieber, als sie Fotos ansehen. Sie brauchen, um Videos auf Facebook zu teilen, auch keinen YouTube-Kanal. Im Gegenteil: Dies ist eher kontraproduktiv, da Facebook die Nutzer auf der Sozialen Plattform halten will. Videos, die Sie direkt auf Ihrem Facebook-Profil hochladen, erreichen daher eine höhere Reichweite, als wenn Sie Videos von anderen Plattformen oder Ihrer Webseite teilen.

- **Kommentar-Monitoring & -Management:** Ihre Inhalte werden häufig kommentiert? Glückwunsch! Das ist ein Merkmal erfolgreicher Unternehmensseiten. Die Interaktion der Nutzer zeigt, dass diese Ihre Inhalte lesen und sich damit beschäftigen. **Ihrerseits sollten Sie aber genauso die Kommentare Ihrer Follower lesen und sie nicht unkommentiert stehen lassen.** Sie zu liken ist das Mindeste, was Sie tun sollten. Besser ist noch, dass Sie darauf reagieren und antworten. Besonders wichtig ist das bei Kommentaren, die nicht positiv sind. Denn das kann genauso passieren. Oft werden Beiträge auch dazu benutzt, sich zu beschweren, bzw. dienen als Ersatz, um den Support oder Kundenservice zu erreichen. Etablieren Sie eine gute Antwortpolitik und seien Sie immer diplomatisch. Wenn Sie schnell und professionell reagieren, können Sie so manche „soziale Krise" direkt im Keim ersticken. Viele Nutzer wollen sich so einfach Gehör verschaffen. Wenn Sie zeigen, dass Sie sich kümmern, stehen Sie vor der gesamten Community wieder gut da. Seien Sie sich immer Ihrer Rolle als Moderator Ihrer Fangemeinde bewusst: Sie können die Kommunikation steuern, indem Sie mit Kritik genauso souverän umgehen wie mit Lob.
- **Beitrags-Monitoring & Performance-Analyse:** Jede Zielgruppe ist anders und daher heißt es in Facebook: Ausprobieren. Ausprobieren. Ausprobieren. Und dann natürlich monitoren und analysieren. **So erkennen Sie am schnellsten, was Ihrer Zielgruppe gefällt.** Mit den Seiten-Insights auf Facebook können Sie alle für die Plattform spezifischen Interaktionskennzahlen analysieren. Weiterhin liefert Ihnen das Analyse-Tool Zahlen zur Demografie Ihrer Follower. Dies

aber nicht von Beginn an, sondern erst dann, wenn Sie eine gewisse Fangemeinde aufgebaut haben.

- **Treffsicherheit & Geiz bei Anzeigen:** Auch wenn viele noch davon träumen: In kurzer Zeit vierstellige Follower-Zahlen zu generieren, funktioniert nicht mehr nur über organisches Wachstum. Die Konkurrenz ist in den letzten Jahren einfach viel zu groß geworden. **Wer Follower generieren möchte, kommt um Anzeigen nicht mehr herum.** Damit ist nicht gemeint, sich Follower einzukaufen, sondern gezielt gesponserte Inhalte einzusetzen. Das Ziel, wenn Sie Anzeigen schalten, sollte sein, neue Fans zu gewinnen. Entsprechend sollten Sie die jeweilige Zielgruppe Ihrer Facebook Ad präzise auswählen. Bewerben Sie keine Postings, die organisch schlecht performen. Natürlich liegt der Gedanke nahe, Beträge mit geringer organischer Reichweite durch Werbung zu pushen. Jedoch ist diese ein Indikator für den Erfolg eines Beitrags, den auch Facebook berücksichtigt. Effizienter, um mehr Follower zu bekommen, ist es, Inhalte, die bereits gut angekommen sind, noch einmal durch eine Anzeige anzukurbeln.

4.2.2 Facebook – lohnt es sich überhaupt noch?

Die Fakten: Rein organisch Reichweite (also ganz ohne Werbung) auf Facebook zu erzielen, wird immer schwerer für Unternehmensseiten. Zum einen liegt das an dem gewachsenen Wettbewerb. Es gibt einfach viel mehr Seiten als noch vor 8 Jahren, die Nutzer werden mit Content überhäuft, da geht vieles unter. Zum anderen sinkt die organische Reichweite aber auch aufgrund des Bestrebens von Facebook, den Umsatz mit dem bezahlten Anzeigenbereich weiter zu steigern. Weiterhin selektiert der Algorithmus des Netzwerkes den News-Feed für jeden Nutzer und sortiert die Beiträge individuell von wichtig bis unwichtig. Die Frage, ob sich Facebook überhaupt noch für Unternehmen lohnt, ist also durchaus berechtigt. Eine pauschale Beantwortung ist – wie so oft im Online-Marketing – nicht möglich. Es kommt stattdessen auf verschiedene Faktoren an, ob Facebook als Soziales Netzwerk in Ihren Online-Marketing-Mix passt. Berücksichtigen sollten Sie dabei Ihre eigenen Ziele, Ihr Budget und das Kosten-Nutzen-Verhältnis. Daher sollten Sie Ihre Social Media-Aktivitäten stets monitoren und kritisch hinterfragen, ob Ihr Budget woanders nicht besser eingesetzt ist.

3 Beispiele, wann eine Unternehmensseite auf Facebook die Mühe durchaus wert sein kann

- **Ihr Unternehmen ist klein und so ist auch Ihre Facebook-Seite?** Es kann ein Vorteil sein, wenige Follower zu haben. Die organische Reichweite ist dann nämlich um ein Vielfaches höher als bei Seiten mit einer großen Community, **in Relation erreichen Sie viel mehr Nutzer.** Das zeigt sich oft bei Seiten, die zwar eine 5-stellige Followerzahl haben, deren Beiträge aber dennoch kaum geliked und geteilt werden. Mit einer kleinen Fangemeinde kommen Sie leichter ins Gespräch und können Ihr Netzwerk besser kennenlernen. Das hilft Ihnen nicht nur, zielgruppengerechteren Content zu erstellen, sondern ist ebenso positiv für Ihr gesamtes Marketing.
- **Sie bedienen eine Nische, die nur für ganz bestimmte Nutzer relevant ist?** Auch dann ist Facebook ein sehr gutes Medium, um eine Community aufzubauen und mit Ihrer Zielgruppe in Kontakt zu treten. **Nischen haben zudem den Vorteil, dass sie, wenn sie erst einmal bekannt sind in den Sozialen Medien, meist sehr schnell eine treue und sehr aktive Fangemeinde finden.** Hier kommt wieder das Bedürfnis zur Identifikation ins Spiel – und spitze Zielgruppen freuen sich immer, wenn sie einen kompetenten Ansprechpartner haben, der sich um sie Gedanken macht. Zwar werden Sie mit einer Nische nie die breite Masse erreichen und an die Followerzahlen großer Marken herankommen. Jedoch sind Nischen-Fans in der Regel sehr aktiv, und das ist viel mehr wert als tausende Follower.
- **Sie wollen Facebook als Sparringspartner für Ihre Website nutzen?** Das ist grundsätzlich eine sinnvolle Idee, vor allem, wenn Sie einen Blog, ein Magazin, ein Glossar o. ä. betreiben**. Indem Sie die Artikel auf Facebook teilen, erhöhen Sie direkt die Reichweite für Ihren informationalen Webseiten-Content.** Sie müssen dann nicht warten, dass die Nutzer aktiv durch eine Suchanfrage auf Ihrer Seite landen, sondern können Ihrer Zielgruppe Ihre

Inhalte präsentieren. Doch Vorsicht, wenn Sie denken, dass es ausreichen würde, Ihre informationalen Inhalte einfach per Link auf Ihrer Facebook-Unternehmensseite zu teilen. Zum einen sollten Sie natürlich den Link in einen eigenen Beitrag einbinden und etwas dazu erklären. Zum anderen zeigt die Soziale Plattform Links auf externe Seiten schlechter im Feed an. Facebook möchte die Nutzer auf der Plattform halten und nicht, dass diese durch externe Links woandershin geführt werden. Daher performen Beiträge mit Links im Allgemeinen schlechter. Es sei denn, sie sind gemischt mit gut performenden Beiträgen ohne Links. Am Ende des Tages möchte Facebook seine Nutzer zufriedenstellen und belohnt daher Seiten, deren Beiträge gut ankommen. Der Algorithmus stuft dann diese allgemein als relevant ein und „akzeptiert“ es eher, wenn Sie hin und wieder mal einen Link zu Ihrem Blog, Magazin oder Glossar teilen. **Da Ihre Beiträge ja generell interessant sind für Ihre Follower, wird auch der Beitrag mit Link im Feed gut platziert.** Selbst wenn Sie Ihr Facebook-Profil „nur“ als Sparringspartner für Ihre Website sehen, sollten Sie es trotzdem gut pflegen und mit den Beitragsarten spielen. Achten Sie auf hochwertige, zielgruppenrelevante Inhalte. Mit Google Analytics, dem Tracking-Tool der Suchmaschine, können Sie messen, wie viel Traffic über Facebook und andere Social Media-Kanäle kommen und so den Erfolg Ihrer Facebook-Aktivitäten messen und bewerten.

Trotz allem, auch wenn Sie nicht in eines der 3 Beispiele passen: Facebook ist nach wie vor das größte Soziale Netzwerk und bietet einiges an Potenzial, mit Ihrer Zielgruppe direkt in Kontakt zu treten. Für bekannte und etablierte Marken wie Puma, Zalando oder H&M ist es zwar leichter, Follower zu gewinnen. Jedoch sind deren Communities häufig weniger aktiv und nutzen die Facebook-Seite oft primär, um sich zu beschweren. **Für Marken, die noch kaum bekannt sind, und für junge Unternehmen ist Social Media hingegen eine Chance, sich Stück für Stück mit hochwertigen Inhalten eine kleinere, aber dafür deutlich aktivere Community aufzubauen und in die direkte Kommunikation mit der Zielgruppe zu gehen.** Die Möglichkeit, die eigene Zielgruppe zu erreichen und ansprechen zu können, sollten Sie nicht unterschätzen. Und dies ist als „kleiner" Player oft einfacher, weil der Austausch persönlicher, direkter und authentischer ist als bei großen Marken. Umsonst ist dies jedoch nicht: Das Vertrauen und die Treue der Follower müssen Sie sich mit wirklich hochwertigen Inhalten und einer kontinuierlichen, durchdachten Kommunikationspolitik sichern.

4.3 Die Spielregeln von Instagram

Die Social Media-Plattform ist eine Mischung aus Microblog und audiovisuellem Netzwerk und finanziert sich durch Werbeanzeigen. **Abgesehen von YouTube ist Instagram nach Facebook die wichtigste Soziale Plattform mit 25 Mio. monatlichen Nutzern** (Stand: 04.02.2020). Seit 2017 haben sich die Nutzerzahlen sprunghaft erhöht, 36 % der 16- bis 29-Jährigen in Deutschland waren in 2019 aktiv dort unterwegs. Inzwischen dürften es noch mehr sein. Nicht nur deswegen ist die Soziale Plattform eine wichtige Anlaufstelle für Unternehmen geworden, um mit Ihren Zielgruppen in Kontakt zu treten. Doch genau wie überall in der digitalen Welt müssen Sie bei Instagram gewisse Spielregeln beachten, um mit Ihrem Content erfolgreich zu sein.

Seit 2012 gehört Instagram zu Facebook. Vieles, was für Facebook gilt, lässt sich auf Instagram übertragen. **Jedoch gibt es auch einige deutliche Unterschiede zwischen den beiden Netzwerken:**

- **Auf Instagram zielt alles auf Ästhetik ab.** Die erfolgreichsten Accounts sind perfekte Inszenierungen. Das müssen Sie wissen und berücksichtigen, wenn Sie auf der Sozialen Plattform unterwegs sind. Natürlich sind auch mal Schnappschüsse möglich. **Jedoch erwarten die Instagram-Nutzer primär Perfektion.** Diese muss nicht immer makellos aussehen, aber im Hintergrund sollte sie durchdacht und bewusst geplant sein. In dem hohen Anspruch der Nutzer steckt aber auch Potenzial. **Denn ansprechende Bilder werden gerne geliked und bieten die Chance, neue Kunden zu gewinnen.** Um der Ästhetik gerecht zu werden, sollten Sie auf die CI Ihrer Bilder achten. Ihr Profil sollte möglichst wie aus einem Guss wirken. Viele erfolgreiche Accounts nutzen daher immer die gleichen Filter für Ihre Bilder, mit sogenannten Presets (Farbfiltern), können Sie jedem Bild ganz einfach die gleiche Farbgebung verpassen.

- **Mit Hashtags erhöhen Sie die Reichweite.** Instagram ist quasi der Inbegriff der Hashtagisierung. Während diese auf Facebook kaum funktionieren und nur wenige Nutzer dort nach Hashtags suchen, zeigt sich auf Instagram ein völlig konträres Bild. Hashtags sind absolut etabliert, die Nutzer können sogar solche, die sie interessieren, folgen. Sie bekommen dann Beiträge mit diesen Hashtags in ihren Feeds angezeigt, ohne dass sie den Profilen, die die Beiträge dazu geteilt haben, folgen. **Damit können Sie also ganz einfach Ihre Reichweite erhöhen und Nutzer erreichen, die Ihnen noch nicht folgen.** Sie können unter Ihre Bilder bis zu 30 Hashtags kommunizieren. Es macht jedoch Sinn, nur solche zu verwenden, die zu Ihnen passen und relevant für Ihr Profil sind. Empfehlenswert ist es, **sich Hashtag-Sets zusammenzustellen** ähnlich den Keyword-Sets für Ihre Website. Man kann Hashtags und Keywords durchaus miteinander vergleichen: Wenn Sie auf Instagram nach einem Hashtag suchen, dann sehen Sie, wie oft es verwendet wird, ähnlich wie beim Suchvolumen eines Keywords (siehe Abb. 4.3). Sie sollten sich aber nicht nur auf Hashtags mit hoher Verwendungsrate konzentrieren, sondern dabei – genau wie bei den Keywords – auf deren Relevanz achten. Es kann zudem sein, dass Ihr Beitrag bei Hashtags mit hoher Verwendung eher untergeht als bei solchen mit niedrigerer Verwendung. **Achten Sie also eher darauf, dass Sie Aufmerksamkeit in Ihrer Zielgruppe über die passenden Hashtags bekommen.** Nutzen Sie außerdem die Möglichkeit eigene Hashtags zu kreieren. Diese können Ihr Markenbild prägen, Ihr Image bzw. Ihre Werte zum Ausdruck bringen und ein hohes Wiedererkennungspotential für Ihre Marke bieten.
- **Instagram ist primär fotobasiert.** Es ist ein Bild notwendig, um im Feed etwas zu teilen. Texte können Sie nur als Kommentar darunter veröffentlichen oder, indem Sie diese in ein Bild einbetten und dieses dann teilen.

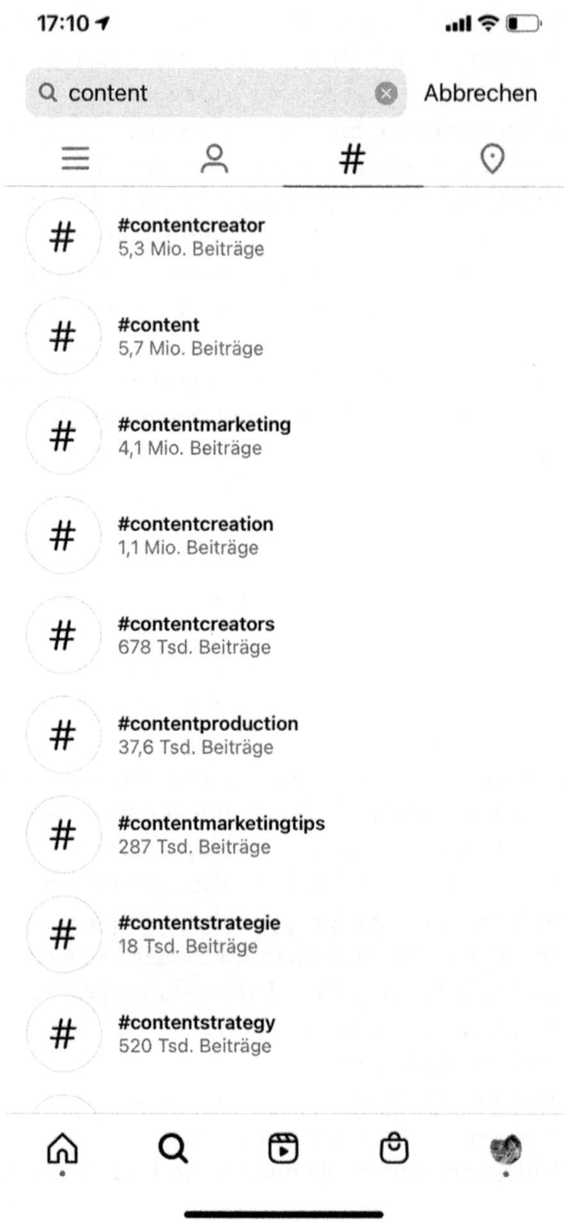

Abb. 4.3 Beispiel Hashtag-Verwendungszahlen in der Instagram-Suche

- **Videos sind möglich, jedoch teilweise in der Länge begrenzt.** Im Feed ist die maximale Länge eines Videos eine Minute. Wenn Sie längere Videos teilen möchten, können Sie dies in einer Story tun, über IGTV oder Reels (dazu weiter unten mehr).
- **Links können Sie nicht wie in Facebook als Beitrag teilen.** Sie können zwar eine URL als Kommentar unter ein Bild setzen, diese ist aber nicht anklickbar und führt nicht aus der Social Media-Plattform auf eine externe Seite. In Ihrem Unternehmensprofil, der sogenannten Bio, können Sie zwar verlinken, aber maximal einen Link, z. B. zu Ihrer Website, einbauen. Wenn Sie mehrere Seiten oder regelmäßig etwas verlinken möchten, ist dies zwar in Stories möglich. Jedoch steht diese Option nur verifizierten und großen Accounts mit mehr als 10.000 Followern zur Verfügung. Über die Funktion „Swipe up" wird der Nutzer dann aus der Story weitergeleitet. Ist Ihr Account noch klein, dann haben Sie noch die Möglichkeit Ads auf Instagram zu schalten. Denn aus diesen heraus können Sie selbstverständlich Links zu Ihren Angeboten oder den beworbenen Inhalten setzen. Eine dritte Möglichkeit besteht in einem kleinen „Trick". **Sie bauen sich eine schlichte Landingpage, auf der Sie alle URLs verlinken, auf die Sie die Instagram-Nutzer weiterleiten möchten, und verlinken nur diese Landingpage in Ihrer Bio.** Wichtig: Benennen Sie die Verlinkungen aussagekräftig und sprechend, denn sonst wissen die Nutzer überhaupt nichts damit anzufangen. Tools wie Linkinprofile.com und Linktree ermöglichen es teilweise kostenfrei, eine solche Landingpage mit einer Linkliste auf Instagram zu integrieren. Jedoch sind diese datenschutzrechtlich nicht einwandfrei, weshalb Experten davon abraten, sie zu nutzen. Mit den gängigen CMS ist es außerdem kein Problem, eine Landingpage, wie oben beschrieben, selbst zu kreieren.

Bei über 800 Mio. aktiven Nutzern pro Monat können Sie über den gezielten Einsatz von generischen sowie spezifischen Hashtags viele verschiedene Interessengruppen erreichen und Ihren Content promoten.

4.3.1 Content für Instagram, der wirkt

Genau wie die Suchmaschinen und wie der „große Bruder" Facebook zeigt Instagram die Reihenfolge der Beiträge nicht mehr chronologisch an. Denn mit steigender Beliebtheit und wachsenden Account-Zahlen folgen auch die Nutzer mehr Profilen, was zu einem unübersichtlichen Feed führen würde, wenn dieser nach Chronologie sortiert wäre. Um dem entgegenzuwirken, rankt ein Algorithmus die Beiträge. Je nach Relevanz erscheint Ihr Beitrag dann weiter oben oder weiter unten im Feed Ihrer Follower. **Hier zählt vor allem wieder das persönliche Interesse jedes einzelnen Nutzers.** Der Algorithmus erkennt anhand des Nutzerverhaltens, welche Themen jeder Einzelne besonders gerne konsumiert. **Damit Ihr Content wirken kann, muss er relevant sein für Ihre Zielgruppe,** sprich: Er muss zu deren Interessen passen. Sie sehen also wieder: Die Spielregel der Sozialen Medien ähneln denen der Suchmaschinen.

Diese Faktoren erhöhen die Relevanz Ihrer Beiträge

1. **Die Qualität Ihres Contents:** Instagram ist ein visuell geprägtes Portal. Was nicht auf den ersten Blick überzeugt, wird weder geliked noch kommentiert.
2. **Die Engagement-Freudigkeit Ihrer Follower:** Je mehr Follower Ihren Beitrag nicht nur sehen, sondern auch liken und kommentieren, desto besser wird er in den Nutzerfeeds angezeigt. Dabei gilt: Kommentare zählen mehr als Likes. Sie sollten sich daher nicht nur darauf konzentrieren Likes zu bekommen, sondern vor allem Kommentare.
3. **Die Schnelligkeit der Reaktionen auf Ihren Content:** Es kommt nicht nur auf die Menge der Interaktionen an, sondern ebenso auf die Schnelligkeit. Je schneller Sie Likes und Kommentare bekommen, desto besser performt Ihr Beitrag.
4. **Die Verweildauer bei einem Beitrag:** Der Instagram-Algorithmus registriert, wie lange sich ein Nutzer einen Beitrag ansieht und ob er sich Zeit nimmt, die Beschreibung unter dem Bild oder Video zu lesen. Je länger er verweilt, desto interessanter scheint der Beitrag zu sein.

5. **Die Aktualität Ihres Contents:** Im Feed sind die Beiträge, wie bereits erwähnt, nicht mehr chronologisch sortiert, sondern nach Relevanz und Nutzerinteresse. Trotzdem ist Aktualität ein wichtiger Faktor, von dem abhängt, an welcher Position im Feed Ihrer Follower Ihre Beiträge angezeigt werden. Neueres steht weiter oben als Älteres, sofern es relevant ist für die jeweiligen Nutzerinteressen. Dennoch berücksichtigt der Instagram-Algorithmus auch, wann und wie oft die Nutzer online sind. Ein Follower, der mehrmals täglich längere Zeit aktiv ist, bekommt Inhalte, die erst einige Minuten alt sind. Ein Follower, der hingegen nur selten online ist, bekommt auch solche, die schon einige Tage alt sind. Es macht also Sinn, regelmäßig zu posten. Dann erhalten Sie auf neue und ältere Beiträge Likes.
6. **Die Interaktion mit einem Profil:** Follower, die sehr häufig mit Ihrem Content interagieren, Beiträge liken und teilen, bekommen Ihre Inhalte besser und öfters angezeigt, als Follower, die nicht reagieren. Reaktionen auf den Content sind für den Algorithmus Zeichen dafür, dass Ihre Inhalte relevant für die Interagierenden sind.

Diese Faktoren beziehen sich nicht nur auf Beiträge im Feed, sondern ebenso auf Stories. Auch hier werden die Stories zum einen nach ihrer Aktualität aufgelistet und zum anderen nach Ihrer Relevanz und Performance. Den Nutzern, die sich Ihre Stories regelmäßig ansehen, werden diese weiter vorne angezeigt als den Nutzern, die Ihre Stories überspringen.

Um die Faktoren, die dafür sorgen, dass Ihre Inhalte möglichst weit oben bzw. vorne angezeigt werden, zu erfüllen, halten Sie sich an diese einfache Gleichung:

Guter Content = schnelle + hohe Interaktion = hohes Ranking.

Nun ist das erst einmal leichter gesagt, als getan. Denn die Frage ist doch: Was ist guter Content? Hierauf gibt es zum einen eine allgemeine Antwort: Guter Content ist ästhetisch. Entsprechend der Intention von Instagram sollten Sie immer auf Qualität achten. Das bezieht sich sowohl auf die technische Hochwertigkeit von Bildern und Videos als auch auf die Qualität der Umsetzung und des Dargestellten. **Perfekte Inszenierungen sind das, was die Instagram-Nutzer erwarten.** Zum anderen gibt es jedoch auch eine individuelle Antwort: Denn **es kommt zudem auf Ihre Zielgruppe an, deren Interessen und Vorlieben.** Genau wie bei Facebook sollten Sie also verschiedene Formate und Beitragsarten ausprobieren.

Instagram selbst **bietet verschiedene Formate an und erweitert die Features** immer wieder. So stehen mit Reels und Guides Unternehmen zwei neue interessante Formate (Stand: 11/2020) neben den altbekannten zur Verfügung:

- **Beitrag:** ein Beitrag (auch Post genannt) erscheint im Feed der Nutzer. Im Gegensatz zu Facebook, XING oder LinkedIn kann dieser nicht allein aus Text bestehen. Sie können aber Bilder, wie Fotos und Grafiken, auf denen Text zu sehen ist, sowie Videos als Beitrag teilen. **Jedem Post können (und sollten) Sie einen Beschreibungstext anfügen und diesen mit Hashtags versehen.** Achten Sie immer auf das Format der Beiträge: Bilder können Sie im 1:1-Verhältnis mit 1080×1080 Pixeln, im Hochformat mit 1080×1350 Pixel oder im Querformat mit 1080×608 Pixel posten. Für Videos ist ein 1:1-Format am besten. Bedenken sollten Sie hier auch, dass die Länge eines Videos im Feed auf 60 s begrenzt ist. Für den Feed eignen sich daher am besten kurze Videos, die einen Sachverhalt kurz und bündig veranschaulichen. Sie haben zudem die Möglichkeit, mehrere Bilder und Videos als Slider zu posten.
- **Story und Story-Highlight:** Wie der Name schon sagt, können Sie mit der Beitragsart „Story" **etwas erzählen, Neuigkeiten verbreiten, auf Ihre Produkte oder auf neue Beiträge hinweisen.** Mit den verschiedenen Funktionen, die Ihnen Instagram bietet, können Sie Ihre Stories so gestalten, dass Sie maximale Aufmerksamkeit erzielen. Text, Musik, Sticker, AR-Effekte (Augmented Reality) und mehr sind möglich. Die Text-Funktion sollten Sie am besten immer nutzen, um Ihr Bild oder das Video zu erklären, das Sie teilen. Viele Nutzer schauen sich die Stories ohne Ton an und schalten diesen erst ein, wenn ihr Interesse geweckt ist. Auch das Verhashtagen und Markieren von anderen Profilen ist möglich. Jede Story ist 15 Sekunden zu sehen, Sie können jedoch mehrere Stories aneinanderfügen. Dadurch ist es ebenfalls möglich, längere Videos

zu teilen, die dann jeweils als 15-s-Story in mehreren Teilen nacheinander durchlaufen. Im Gegensatz zum Feed werden die Stories, die aus Bildern und Videos bestehen können, im Vollbildmodus dargestellt. Stories haben allerdings nur eine Halbwertszeit von 24 Stunden, dann sind sie nicht mehr zu sehen. Während dieser Zeit werden die Stories jedoch prominent mit Ihrem Profilbild über dem Feed der Nutzer angezeigt und erregen damit besondere Aufmerksamkeit. **Wenn Sie Ihre Stories bewahren wollen, können Sie diese als Story-Highlights speichern.** Diese sind dann in Ihrem Profil immer wieder aufrufbar. Jedoch sollten Sie dort nicht alles speichern, sonst wird es für Ihre Follower schnell unübersichtlich.

- **IGTV:** Instagram TV ist ein Kanal, den jeder mit einem Profil nutzen kann, um längere Videos zu teilen. Auf Ihrem Profil gibt es dann neben dem Reiter mit Ihren Beiträgen noch einen, wo sich Ihre Follower alle IGTV-Videos von Ihnen ansehen können. Diese werden im Vollbildmodus abgespielt. In Analogie zu YouTube können Sie hier Tutorials, Reportagen, Unternehmens- und Produktvorstellungen posten. Die Länge der Videos ist nicht begrenzt. Bedenken Sie aber trotzdem: Seien Sie informativ und nicht zu werblich. Halten Sie das Video so lang wie nötig und so kurz wie möglich. Denn sonst schalten Ihre Follower im wahrsten Sinne des Wortes schnell ab.
- **Reels:** Damit kontert Instagram den Hype um die unterhaltenden Kurzvideos von TikTok. **Die Kurzvideos sind 15 oder 30 Sekunden lang und sollen in kurzer Zeit die Aufmerksamkeit der Nutzer wecken.** Im Gegensatz zu den Videos, die Sie im Feed, in den Stories oder im IGTV posten, können Sie die Reels aus verschiedenen Videos zusammensetzen und mit Effekten wie Animationen, Augmented Reality (AR), Timer, Countdown, Tempo und Sound gestalten. Genau wie bei den Stories können Sie Texte und Hashtags einfügen sowie andere Profile in dem Video markieren. So entstehen überaus unterhaltsame, zusammengeschnittene Szenen, die vor allem bei jüngeren Zielgruppen sehr beliebt sind. Ihre Reels werden im Feed Ihrer Follower angeteasert. Wenn diese dann auf den Button „Reels ansehen" klicken, öffnet sich das Kurzvideo und der Nutzer kann es komplett ansehen. Zudem haben die Reels ebenfalls einen

eigenen Reiter in Ihrem Profil. **Für Unternehmen sind Reels aufgrund der Aufmerksamkeit, die sie erzeugen, und der Verweildauer, die sich dadurch für einen Beitrag erhöht, interessant.** Kampagnen für Produkte und Dienstleistungen können Sie so aber auch auf eine neue, zielgruppengerechte Art verbreiten, die absolut dem Zeitgeist entspricht.

- **Guides:** Dabei handelt es sich um eine Art Landingpage. Das Format erweitert Ihr Profil um einen zusätzlichen Reiter und ist dort direkt aufrufbar. **Mit Guides können Sie mehrere Beiträge, die Sie bereits veröffentlich haben, zusammensetzen, um Informationen erweitern und so Ihre Follower zusammenhängend und tiefergehend als in einem Beitrag zu einem Thema informieren.** Sie können diese Inhalte direkt teilen oder als Story.

Tab. 4.1 listet die Video-Formate auf Instagram im direkten Vergleich auf.

An einigen allgemeingültigen Regeln können Sie sich orientieren, damit Ihr Instagram Content bei Ihren Followern gut ankommt:

- **Bildunterschriften ansprechend gestalten:** Ein Bild hat man schnell wahrgenommen und scrollt direkt weiter. Jedoch ist die Verweildauer ein wichtiges Kriterium für das Ranking Ihrer Beiträge im Feed Ihrer Follower. Die Bildunterschriften sind hierbei ein nicht zu unterschätzendes Hilfsmittel. **Wenn diese die Aufmerksamkeit Ihrer Follower gewinnen und von diesen gelesen werden, erhöht sich die Verweildauer bei einem Bild bzw. Beitrag.** Besonders gut funktionieren erzählende Bildunterschriften, Storytelling zu dem,

Tab. 4.1 Instagram Video-Formate im Vergleich

Content-Format	Länge	Funktion
Video als Feed-Beitrag	Bis 60 Sekunden	Einfache Videos
Story	Bis 15 Sekunden pro Story; ein längeres Video kann gestückelt werden	Bestimmte Themen pushen
IGTV	1 bis 60 Minuten	Längere Videos
Reels	15 bis 30 Sekunden	Kurze, kreative Videos

was auf dem Bild zu sehen ist. Das sollte zudem interessant sein für Ihre Zielgruppe. Da die Nutzer immer nur einige Wörter der Bildunterschrift sehen und sie ausklappen müssen, um sie komplett zu lesen, liegt das Augenmerk ganz klar auf dem Textanfang. Dieser muss den Nutzer packen und ihn zum Lesen motivieren.

- **Hashtags sinnvoll einsetzen:** Was Keywords für Website-Texte sind, sind Hashtags für Ihren Instagram Content. Während Sie bei Facebook kaum funktionieren und zu vernachlässigen sind, sind sie für Instagram ein unglaublich effizienter Hebel. Im Prinzip können Sie aus jedem Wort Ihres Contents ein Hashtag machen, indem Sie vor dieses das *Hash*-Symbol, zu Deutsch: Doppelkreuz #, setzen. Das ist aber nicht zielführend. **Die Hashtags machen Sie auf der Social Media-Plattform sichtbarer und helfen, dass Ihre Inhalte besser gefunden werden, wie die Keywords bei den Suchmaschinen.** Daher sollten Sie Hashtags genauso zielgerichtet einsetzen wie Suchbegriffe. Am besten stellen Sie sich ein Set aus den wichtigsten Hashtags zusammen. Wichtig sind die, die bei Ihrer Zielgruppe beliebt sind. Schauen Sie sich hierfür auf gut performenden Profilen Ihrer Mitbewerber um: Was verwenden diese für Hashtags? Nutzen Sie außerdem die Instagram-Suche. Hier sehen Sie nicht nur, wie beliebt das Hashtag ist, sondern bekommen ebenso verwandte Begriffe angezeigt (siehe Abb. 4.3)
- **Call-to-Action verwenden:** Bei Instagram genau wie bei Facebook oder der Meta-Beschreibung Ihrer Webseite motiviert ein aussagekräftiger Call-to-Action (Handlungsaufforderung) eine Reaktion der Nutzer. Sie können mit Fragen „Was meint ihr dazu?" oder Aufforderungen „Sagt uns eure Meinung!" oder ähnlichem arbeiten. Besonders gut funktionieren Meinungsfragen ebenso wie Umfragen, aber auch unterhaltende Rätsel und Gewinnspiele kommen gut an. In den Stories können Sie mit den Tools und Funktionen, die Ihnen Instagram zur Verfügung stellt, ganz leicht Umfragen und Quiz erstellen oder Ihre Community Fragen an Sie richten lassen. **Da der Algorithmus Kommentare höher gewichtet, verwenden Sie am besten Call-to-Actions, die darauf abzielen.** Beispiele: Was denkt ihr zu unserem neuen Produkt? Welches Design gefällt euch besser

– 1 oder 2? Habt ihr auch Sehnsucht nach Sonne, Strand und Meer? Dann kommentiert euer nächstes Reiseziel unter das Bild.

- **Individuelle Bilder posten:** Die Zahl an Nutzer-Konten wächst und damit auch die Zahl der Beiträge. Die meisten haben ähnliche Ideen und so ergibt sich schnell ein Einheitsbrei aus Bildern vom Mittagessen und von der neuen Produktlieferung, aus einer Bikini-Schönheit am Strand und niedlichen Tieren mit treuem Augenaufschlag. Natürlich sind viele davon von richtig guter Qualität und schön anzuschauen – sie stechen aber nicht aus der Masse heraus. Ergo: werden nicht geliked oder kommentiert. **Daher sollten Sie auf außergewöhnliche Ideen setzen, auf kuriose Szenen, auf alles, was ein Blickfang ist und den Nutzer im Feed direkt einfängt.** Wenn Sie ein Instagram-Profi sind, entwickeln Sie Ihren eigenen Stil, sodass Ihre Bilder für Ihre Follower im Feed ganz klar zu erkennen sind.
- **Slideshows und Videos nutzen:** Genau wie Bildunterschriften können Videos und Slideshows, die aus mehreren Bildern bestehen, die Verweildauer der Nutzer bei Ihren Beiträgen erhöhen. **Videos, die kurz und knapp in maximal einer Minute etwas zeigen oder vermitteln, bieten sich als Beitrag an. Längere Videos können Sie als Story, Reels oder im IGTV posten.** Sie sollten es aber niemals mit der Länge übertreiben. Die Botschaft sollte klar rüberkommen, einfach und schnell zu erfassen sein. Sonst kann es sein, dass Ihre Follower im wahrsten Sinne des Wortes abschalten und auch erst einmal keine Lust mehr auf weitere Videos von Ihnen haben. **Mit Slideshows können Sie im Feed wie in der Story eine Geschichte erzählen.** Verwenden Sie daher am besten zusammenhängende Bilder. Bei der Anzahl sollten Sie es ebenfalls nicht übertreiben.
- **Auf das Timing der Beiträge achten:** Genau wie bei Facebook bekommen Sie bei Instagram Auswertungen zu Ihrer Zielgruppe in der Business Suite. In der sind die Daten Ihres Facebook- und Ihres Instagram-Profils zusammengefasst. In der Instagram App selbst steht Ihnen zudem das Professional-Dashboard zur Verfügung. Dort finden Sie die Insights zu Ihren Beiträgen und Ihrer Zielgruppe. Neben Standort, Alter und Geschlecht sind dort auch die Zeiten zu finden, zu denen Ihre Follower aktiv sind. **Da es für den Erfolg Ihrer Beiträge auf die Schnelligkeit ankommt, mit der die Nutzer**

auf diese reagieren, sollten Sie dann etwas posten, wenn Ihre Fans online sind (siehe Abb. 4.4). Dann sehen diese Ihren Content sofort und können direkt darauf reagieren.

- **Beiträge gezielt bewerben:** Wenn Sie neue Follower gewinnen wollen, geht es nicht ohne Ads. Dafür ist auch Instagram inzwischen zu überflutet mit Profilen, die um Follower buhlen. **Mixen Sie daher Ihren organischen mit bezahltem Content.** So erhöhen Sie Ihre Sichtbarkeit und können Nutzer erreichen, die Sie noch nicht kennen. Gehen Sie hier genauso gezielt und zielgruppenorientiert vor wie bei Facebook. Die Facebook Business Suite und der Werbeanzeigen-Manager unterstützen Sie dabei.

4.3.2 Für wen lohnt sich Instagram?

Social Media und seine Spielregeln ändern sich noch häufiger und schneller, als es generell im Online-Marketing der Fall ist. **Zum aktuellen Zeitpunkt kann man sagen, dass sich Instagram für Unternehmen lohnt.** Schon allein wegen der zahlreichen Content-Formate und der damit einhergehenden Möglichkeiten, mit der eigenen Zielgruppe in Kontakt zu treten und die Unternehmensmarke zu bewerben. Durch die verschiedenen Formate, welche die Plattform bietet, können Sie Ihren Content gezielt und zielgruppengerecht einsetzen. Instagram hat und wird sicherlich weitere Formate in der Zukunft anbieten. Dass das Portal sich Trends und Nutzerbedürfnissen anpasst und sich weiterentwickelt, hat es jüngst mit der Einführung von Reels bewiesen.

Instagram selbst betonte bereits in Bezug auf IGTV: „Mit langen Videos kannst du noch besser die Geschichte deines Unternehmens erzählen, dich mit deiner Zielgruppe verbinden und mehr Menschen erreichen. Bis zum Jahr 2021 werden Handyvideos etwa 78 % des gesamten mobilen Datenverkehrs ausmachen." (Instagram o. J. a).

Mit Reels trägt die Plattform also wieder dem sich verändernden Content-Konsum der Nutzer Rechnung und bietet Influencern genau wie Unternehmen damit ein weiteres Feature, um die Community mit Inhalten zu versorgen, die ankommen und wirken.

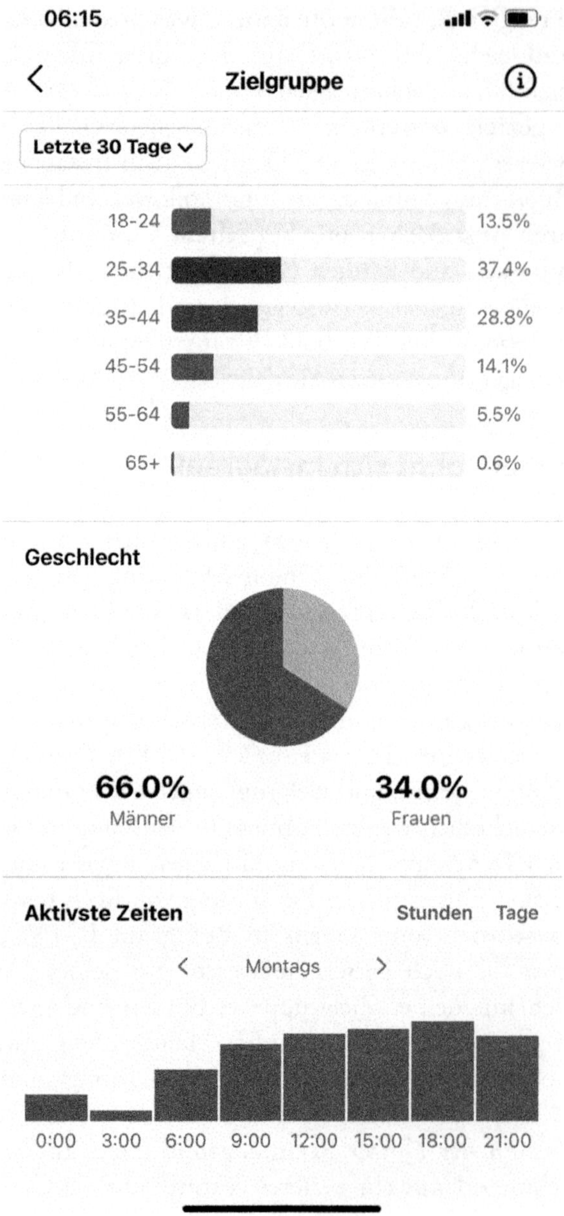

Abb. 4.4 Beispiel Zeiten der Zielgruppenaktivität auf Instagram

Wie gewinnbringend, ein Instagram-Account für ein Unternehmen sein kann, illustriert diese Aussage der Plattform: „Mit Stories kannst du im Vollbildmodus für deine Marke werben. Es ist bewiesen, dass Stories Kunden zum Handeln motivieren. 68 % der Menschen entwickeln eher Interesse für ein Unternehmen oder Produkt, wenn sie es in einer Story gesehen haben.“ (Instagram o. J. a)

Natürlich ist dies die Aussage der Plattform, also Instagrams, selbst. Doch schauen wir uns die Fakten an:

- Der Einfluss von Influencern wird immer größer.
- Die Zahl an Instagram-Nutzern wächst.
- Die Customer-Journey wird undurchsichtiger, umwegiger und komplexer.

Es ist nicht von der Hand zu weisen, dass – wie früher durch Mund-zu-Mund-Propaganda, weil man beim besten Freund oder dem lieben Nachbarn dieses oder jenes gesehen und für gut befunden hat – der erste Touchpoint zwischen Kunde und Produkt sehr oft in den Sozialen Medien stattfindet. **Und Instagram bietet Ihnen mit verschiedenen Formaten die Möglichkeit, als Unternehmen dabei eine entscheidende Rolle zu spielen.** Entscheidend für Ihren Instagram-Erfolg ist es, dass Sie nicht machen, was alle machen. Dass Sie eine klare Content-Strategie haben, die Social Media einschließt. Dass Sie authentisch und glaubwürdig bleiben.

4.4 Die Spielregeln von LinkedIn

LinkedIn ist langsam in Deutschland gestartet. Zunächst wurde es – in Analogie zu XING – vor allem als Plattform für die Jobsuche wahrgenommen. Doch inzwischen erkennen immer mehr Nutzer dessen Potenzial. Laut einer Statista-Umfrage aus dem Januar 2020 liegt das Netzwerk weltweit auf Platz 3 der wichtigsten Plattformen für Unternehmen hinter Facebook und Instagram (Statista 2020).

Es ist zurzeit auch das soziale Netzwerk, das am stärksten wächst. Laut aktuellen Daten sind hier über 30 Mio. Unternehmen angemeldet

(Stand: Dezember 2020). Insgesamt waren im März 2020 675 Mio. Menschen registriert, davon mehr als 14 Mio. im DACH-Raum. Laut Statistiken melden sich jede Sekunde etwa 2 neue Nutzer an. Stolze Zahlen, die ein nicht zu unterschätzendes Potenzial verraten:

Auf LinkedIn können Sie nicht nur als Arbeitgeber bzw. Arbeitnehmer auftreten. **Sie können vielmehr mit anderen Unternehmen in Kontakt treten, Neu-Kunden gewinnen sowie Ihre Produkte und Dienstleistungen präsentieren.** LinkedIn ist keine reine HR- und Recruiting-Plattform mehr, sondern ein ernstzunehmendes Business-Netzwerk. Und eine erfolgsversprechende Möglichkeit, neben der eigenen Website, Ihr Unternehmen in der digitalen Welt bekannter zu machen. Während sich Facebook, Instagram und alle anderen primär privat genutzten Sozialen Medien nicht für Unternehmen im B2B-Bereich eignen, sieht das bei LinkedIn komplett anders aus. Es ist *DAS* Netzwerk, wenn Sie sich analog zu Facebook & Co. eine Followerschaft für Ihr B2B-Unternehmen aufbauen möchten. Es ist ein wichtiges Kommunikationsmedium, um mit Ihrer relevanten Zielgruppe abseits Ihrer Website zu kommunizieren. Als Business-Netzwerk bietet LinkedIn im B2B-Bereich (im Gegensatz zu den primär privat genutzten Social Media-Portalen wie Facebook und Instagram) sehr viel Potenzial, mit möglichen Kunden und Partnern ins Gespräch zu kommen.

„Hier findet echte Kommunikation auf sehr hohem Niveau von Fachexperten statt. Man hat sehr gute Chancen Partner und Kunden ohne große Ablenkung zu erreichen. […] Derzeit verschlafen es noch viele Unternehmen, die ausschließlich national tätig sind, weil sie glauben LinkedIn wäre nur etwas für global Player und es genüge auf XING aktiv zu sein. Hier irrt man gewaltig. LinkedIn gehört in jede Content-Strategie und die organische Reichweiten sind enorm." (Behrens 2019).

Ein weiterer Unterschied zu den primär privat genutzten Netzwerken besteht in der Profil-Kultur. Analysen haben ergeben, dass die Nutzer bei LinkedIn Ihre Profile besser und in der Regel vollständig pflegen. **Sie erfahren hier vergleichsweise mehr über potenzielle Kunden und Partner als auf Instagram oder Facebook.** Natürlich weniger Privates, dafür viel über die beruflichen Erfahrungen und Fähigkeiten sowie über aktuelle Schwerpunkte im Business. Teilweise laden Nutzer sogar Zeugnisse und Lebensläufe hoch.

Das alles macht LinkedIn nicht nur zu einer **wertvollen Plattform,** wenn Sie auf Mitarbeitersuche sind. Sondern ebenso **für den Vertrieb und den Ausbau Ihres Geschäftsbereichs.** Durch die große Datenbasis aus den Profilen können Sie potenzielle Auftraggeber und Kunden gezielt und individuell ansprechen. Anstatt Standard-Massen-Nachrichten zu verschicken, können Sie über die Profilinformationen die für Sie interessanten Nutzer auf einer persönlichen Ebene ansprechen: „Sie haben ja auch an der Uni in München studiert!" „Ich habe gesehen, dass Sie sich wie ich für Content Marketing interessieren. Möchten Sie sich hierzu mit mir austauschen?" Auf einer persönlichen Ebene kommen Sie leichter ins Gespräch und hinterlassen einen sympathischeren Eindruck.

> Das sogenannte „Social Selling" (vgl. Glossar) ist in LinkedIn nicht nur akzeptiert: „Immer mehr Unternehmen schätzen und nutzen die Chancen, auf LinkedIn neue Ansprechpartner*innen, Produkte oder Services kennenzulernen." (Maucher 2020).

Gerade im B2B-Bereich ist das Business-Netzwerk daher eine ideale Plattform, um Ihren Content dort zu platzieren. Mit über 14 Mio. Nutzern besteht hier eine große Chance, dass Ihre Texte Ihre gewünschte Zielgruppe erreichen und wirken. Wie bei allen Sozialen Netzwerken kommt es natürlich auch hier wieder auf Qualität und zielgruppengerechte Inhalte an sowie darauf, dass Sie sich an die Spielregeln von LinkedIn halten.

Mit Facebook und Co. hat LinkedIn einige Gemeinsamkeiten, aber auch Unterschiede, die Sie kennen sollten, um von diesen zu profitieren

- **Gemeinsam hat LinkedIn mit Facebook und Instagram,** dass Sie sowohl ein Profil Ihrer Person als auch **eine Unternehmensseite** anlegen können. Diese dient, wie LinkedIn selbst schreibt, folgendem Zweck: Sie **„fungiert als […] Stimme Ihrer**

Organisation auf LinkedIn. Sie hilft Mitgliedern, mehr über Ihr Unternehmen, Ihre […] Marke, Produkte, Dienstleistungen und Jobangebote zu erfahren.“ Es macht Sinn, dass Sie sich als Unternehmenseigner bzw. Geschäftsführer neben Ihrer Unternehmensseite **auch ein persönliches Profil anlegen.** Zum einen wirken Sie so authentischer, weil Sie zeigen, wer hinter Ihrem Unternehmen steht. Sie können mit Ihrer Expertise als Person glänzen. Zum anderen können Sie mit Ihrem Profil andere Funktionen nutzen als mit Ihrer Unternehmensseite. So können Sie Kontakte zu Ihrem persönlichen Netzwerk hinzufügen und direkt mit diesen Nachrichten austauschen. Das geht über ein Unternehmensprofil nicht. Ein weiterer Pluspunkt ist, dass Sie mit Ihrem persönlichen Profil Ihre **LinkedIn-Kontakte genau wie bei Facebook einladen können, Ihrer Unternehmensseite zu folgen.** Darüber hinaus können Sie neben privatem und geschäftlichem Profil noch Fokusseiten anlegen. Diese sind als Erweiterung der Unternehmensseiten zu sehen und sollen einer speziellen Zielgruppe auf einen Blick relevante Produkte oder Dienstleistungen präsentieren. Ein Beispiel wäre die Produkt-Fokusseite der Marke Mini der BMW Group.

- **Genau wie die primär privat genutzten Sozialen Netzwerke** hat auch LinkedIn **einen Feed.** Hier werden jedem Nutzer **die Beiträge der Mitglieder oder Unternehmer angezeigt,** denen er oder sie folgt bzw. mit denen er oder sie vernetzt ist. Genau wie bei Facebook können Sie **Beiträge mit Text und/oder Bild teilen.** Das B2B-Netzwerk bevorzugt aber **Videos,** sie erzielen die größte Reichweite. Da LinkedIn möchte, dass die Nutzer auf der Plattform bleiben, werden Links zu Videos auf YouTube oder anderen Webseiten „bestraft“. Daher sollten Sie Ihre Videos am besten direkt auf dem Netzwerk teilen. **An zweiter und dritter Stelle der Beitragsarten mit der größten Reichweite kommen Text-Beiträge und LinkedIn-Artikel.**
- **Genau wie Facebook und Co.** hat auch LinkedIn einen **Algorithmus,** der die Beiträge im Feed nach einer Priorisierung sortiert. Als Ranking-Faktoren zählen hier die **Interessen der Nutzer (Wem folgen sie und was liken bzw. kommentieren sie bevorzugt?), die thematische Relevanz und die Hochwertigkeit der geteilten Inhalte.** Die Interaktionsrate ist genau wie bei Instagram

ein wichtiger Faktor, an welcher Stelle Ihr Beitrag im Feed gelistet wird. Interaktionen sind zudem aus einem weiteren Grund ein wertvolles Gut: Wenn Ihre Beiträge geliked und kommentiert werden, erscheinen diese auch in den Feeds der Nutzer, die (noch) nicht zu Ihrem Netzwerk gehören, aber Personen kennen, die mit Ihnen vernetzt sind. So erzielen Beiträge, die gut performen, eine organisch höhere Reichweite über Ihr eigenes Netzwerk hinaus.

- **Genau wie bei den privat genutzten Netzwerken** kommt es sehr stark auf die **Qualität der Inhalte** an. Der Algorithmus unterzieht diese immer einer genauen Qualitätsprüfung, indem ein Beitrag im Feed Ihres Netzwerkes getestet wird. Wenn viele Nutzer mit diesem interagieren, besteht er den Test. Negativ wirkt sich hingegen aus, wenn die Nutzer einen Beitrag in ihrem Feed ausblenden (denn das ist möglich) oder ihn sogar als Spam markieren.
- **Im Gegensatz zu den Algorithmen von Facebook & Co.** überprüfen in einer zweiten **Qualitätskontrolle auch echte Redakteure** von LinkedIn den Content. Sie schauen sich an, warum ein Beitrag besonders gut ankam. Auf diese Weise wird der Algorithmus stetig optimiert und lernt dazu, wie er Beiträge als relevant einstufen kann.
- **Im Unterschied zu Facebook und Instagram** können die Nutzer **den Algorithmus aber umgehen,** indem sie dessen Priorisierung ausschalten. Sie können dann ihren Feed nach den aktuellsten „recent" Beiträgen sortieren (siehe Abb. 4.5). Dann kommt es nicht mehr auf die Relevanz, sondern auf die Aktualität der Beiträge an.
- **Im Gegensatz zu Facebook und Instagram,** wo die Profile hart um Interaktionen kämpfen müssen, ist **die Interaktionsrate bei LinkedIn höher.** Im B2B-Bereich sind die Nutzer anscheinend eher bereit, Beiträge zu liken und zu teilen. Sie möchten ihre Meinung öffentlich kundtun und sind nicht nur stille Follower. Diese Interaktionsfreude beeinflusst dann auch die **organische Reichweite positiv.** Ihre Beiträge erreichen mehr Nutzer, ohne dass Sie diese zusätzlich durch Ads sponsoren.
- **Anders als bei den privat genutzten Sozialen Netzwerken** gibt es kein Verfallsdatum für Beiträge. Inhalte, die gut performen, werden **langfristig angezeigt und immer wieder ausgespielt.** Sie sehen

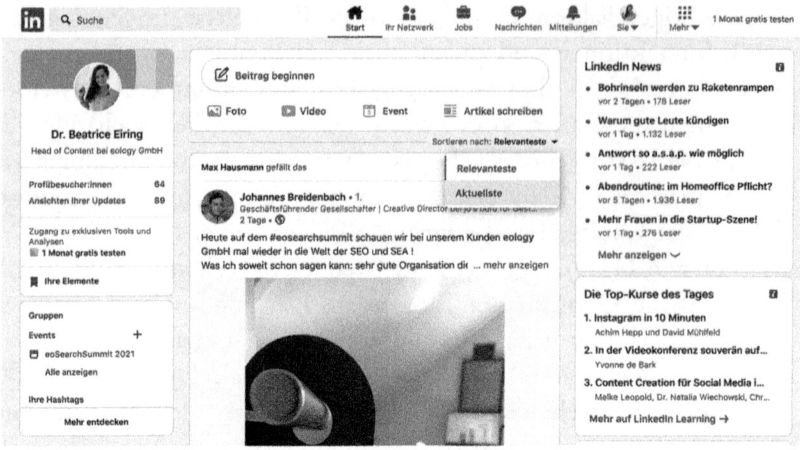

Abb. 4.5 Sortierung LinkedIn Feed nach Aktualität

daher auch immer wieder Beiträge, die bereits vor einigen Wochen geteilt wurden

- **Genau wie Facebook oder Instagram** bietet LinkedIn für Unternehmensseiten einen **Analyse-Bereich.** In diesem finden Sie Statistiken zu den Branchen, in denen Ihre Kontakte tätig sind, sowie Informationen über deren Tätigkeitsbereiche und Karrieren (siehe Abb. 4.6).
- **Im Gegensatz zu Instagram** können Sie in LinkedIn Analytics **nicht analysieren, wann Ihre Zielgruppe am aktivsten ist.** Dies liegt darin begründet, dass das Netzwerk ein natürliches Verhalten der Nutzer bevorzugt. Der Algorithmus „bestraft" sogar die Beiträge von Profilen, die immer zur gleichen Zeit posten, auf lange Sicht mit geringerer Relevanz. **Sie sollten daher auf LinkedIn keinesfalls immer zur gleichen Zeit etwas posten.** Dennoch ist das Timing für Ihre Beiträge nicht irrelevant, da bei hoher Aktivität Ihrer Zielgruppe die Wahrscheinlichkeit für Interaktionen gleichfalls höher ist. Testen Sie am besten verschiedene Uhrzeiten aus und vergleichen Sie dann die Reichweite Ihrer Beiträge. Wenn Sie eines oder mehrere Zeitfenster dann für sich identifiziert haben, posten Sie **in diesen Fenstern Ihre Beiträge, aber eben nicht immer exakt zur gleichen Uhrzeit.**

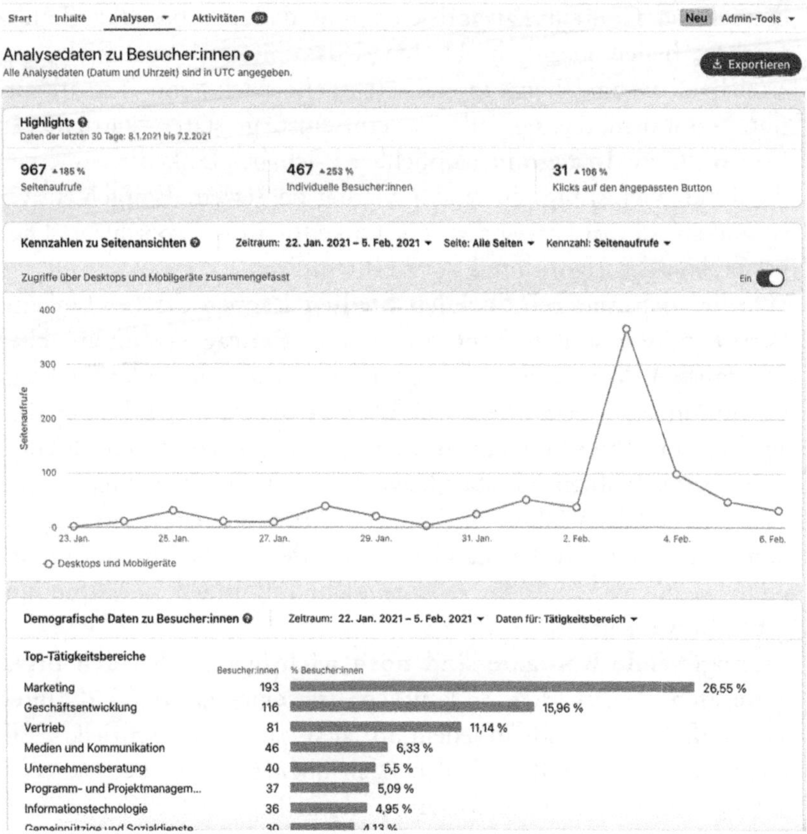

Abb. 4.6 LinkedIn Unternehmensseite Analysebereich

- **Auch Hashtags wie auf Instagram** können Sie für Ihren Content auf LinkedIn verwenden, **um Ihre Reichweite zu steigern.** Sie sollten sie bewusst einsetzen, um Ihre Inhalte thematisch einzuordnen und dadurch Orientierung zu ermöglichen. Zudem erhöhen Sie mit Hashtags die Chance, dass Ihre Beiträge bzw. Ihr Profil wieder auffindbar sind/ist. Genau wie bei Instagram können Sie auch bei LinkedIn ein eigenes Hashtag für Ihre Marke kreieren und so Ihr Image stärken. Generell wichtig ist, wenn Sie Hashtags verwenden: **Setzen Sie eher auf spezifische als auf generische Hashtags.** Da diese Ihren Content kategorisieren und dadurch besser auffindbar machen, helfen spezifische Hashtags, dass Sie auch eine Zielgruppe erreichen, die am Thema interessiert ist. Beispiel: #contentmarketing statt #onlinemarketing oder #berufseinstieg statt #karriere. **Im Gegensatz zu Instagram** empfiehlt es sich bei LinkedIn außerdem **maximal 5 Hashtags** in einem Beitrag zu setzen. Empfehlenswert ist zudem, die zu verwenden, die LinkedIn Ihnen vorschlägt. Diese passen laut des Algorithmus gut zu Ihrem Profil.

- **Wie bei den anderen Sozialen Medien** können Sie bei LinkedIn **Personen bzw. andere Profile in einem Beitrag erwähnen.** Hierfür müssen Sie noch nicht einmal mit diesen verknüpft sein. Erwähnungen (oder: Mentions) können die verlinkte Person dazu anregen, mit Ihrem Beitrag zu interagieren. Das erhöht die Beitrags-Reichweite. Wählen Sie aber bewusst aus, wen Sie verlinken. Dies sollte keinesfalls willkürlich geschehen, sondern eine Berechtigung haben. Denn unter Umständen findet die Person die Verlinkung nicht so gut wie Sie oder möchte nicht mit Ihnen in Verbindung gebracht werden.
- **Interagierende Kontakte sind noch wichtiger als bei den privat genutzten Netzwerken.** Natürlich ist eine aktive und interagierende Fangemeinde in jedem Sozialen Netzwerk essenziell. „Stille Follower", die zwar Ihre Zahlen nach oben pushen, aber nie etwas teilen, liken oder kommentieren, sind am Ende jedoch kaum etwas wert. Auch die Algorithmen der Netzwerke werden das irgendwann verstehen und Ihre Inhalte als weniger relevant für Ihre Zielgruppe einstufen. **Bei LinkedIn ist die Kommunikation jedoch noch wichtiger.** Denn das Netzwerk ist gerade darauf ausgelegt, dass man sich im Business-Umfeld austauscht. Daher sollten Sie die Kontakte mit Ihrem persönlichen Profil beständig erweitern. So können Sie dann wiederum neue Follower für Ihre Unternehmensseite gewinnen. Allerdings sollten Sie dabei nicht wahllos vorgehen. **Wertvolle, interagierende Kontakte finden Sie, indem Sie die LinkedIn-Profile filtern.** Suchen Sie nach Profilen, die Überschneidungen mit Ihnen und Ihrem Unternehmen haben, z. B. die gleichen Interessen wie Sie teilen, in der gleichen oder einer ähnlichen Position bzw. Branche arbeiten. Wichtig ist, dass ein Aus-

tausch mit diesen Kontakten in irgendeiner Form gerechtfertigt ist. Neue Kontakte, die in Ihre Zielgruppe passen, finden Sie zudem in relevanten LinkedIn-Gruppen. Treten Sie diesen bei und beteiligen Sie sich an Diskussionen. Das macht Sie authentischer, nahbarer und glaubwürdiger. **Damit haben Sie außerdem einen weiteren Kanal, um Ihre Expertise zu zeigen und auf sich aufmerksam zu machen.** Sie sollten zudem in diesem Zusammenhang wissen, dass Sie zwar jedem in LinkedIn grundsätzlich eine Kontaktanfrage schicken können, aber nicht sofort jeden anschreiben können. Ihren direkten Kontakten können Sie direkt schreiben. Kontakte 2. Grades (Personen, mit denen Sie einen oder mehrere gemeinsame Kontakte haben) und Kontakte 3. Grades (Personen, mit denen Sie über einen oder mehrere Kontakte 2. Grades verbunden sind), können Sie eine Kontaktanfrage senden oder eine sogenannte InMail. **Alle anderen Profile sind für Sie nur eingeschränkt sichtbar.** Sie können diese nicht kontaktieren oder sich mit Ihnen vernetzen. Dies ist nur möglich, wenn Sie wenigstens durch Kontakte 3. Grades mit diesen in Verbindung stehen. Auch aus diesem Grund ist es empfehlenswert, dass Sie Ihr Netzwerk weiter ausbauen.

- **Genau wie Facebook, Instagram & Co.** ist LinkedIn erst einmal **kostenlos.** Jedoch bietet das Business-Netzwerk – **genau wie XING** – verschiedene Premium-Account-Varianten. Mit diesen stehen Ihnen **zusätzliche Funktionen zur Verfügung, die Ihnen ein Basis-Account nicht ermöglicht.** Je nach Variante können Sie bspw. mit einer größeren Anzahl an Filtern noch gezielter nach Profilen zu suchen, oder mehr Direktnachrichten auch an Nutzer verschicken, mit denen Sie noch nicht vernetzt sind. Sie können je nach Account zudem Jobeinblick oder Business Insights erhalten sowie Notizen speichern. Ob sich ein Bezahl-Account für Sie lohnt, kommt darauf an, wie intensiv Sie LinkedIn und für welche Zwecke Sie es nutzen möchten.
- **Auch Stories sind jetzt bei LinkedIn verfügbar.** Das neue Feature ermöglicht wie bei Instagram und Facebook **Inhalte als „Geschichte" zu teilen.** Der Content ist ebenfalls nur 24 Stunden sichtbar und jeder Teil der Story darf nur 20 Sekunden lang sein. Längere Videos werden dann aufgeteilt. Sie können andere

Mitglieder taggen und dadurch deren Aufmerksamkeit gewinnen. Wichtige Informationen liefern die Zuschauer-Statistiken der LinkedIn Stories. Sie sehen Namen und Beruf der Zuschauer – hilfreiche Daten für einen Erstkontakt.

4.4.1 Content für LinkedIn, der wirkt

LinkedIn ist der Inbegriff des Business-Networkings. Hier präsentiert man sich mit den eigenen Fähigkeiten und Erfahrungen. Man tauscht sich aus und möchte mit Gleichgesinnten in Kontakt kommen. Und genau so sollten Sie Ihren Content für die Plattform aufbauen und nutzen:

- Stellen Sie Ihre Erfahrungen dar.
- Präsentieren Sie sich als Experte.
- Sorgen Sie für einen sympathischen Auftritt.

Das beginnt schon bei Ihrer Profilseite, die Sie sorgfältig sowie vollständig pflegen und individuell gestalten sollten:

- Pflegen Sie alle Daten.
- Achten Sie auf die Qualität der Bilder.
- Setzen Sie auf Bilder, die Ihre Marke bzw. Ihre Persönlichkeit ausdrucksstark darstellen, anstatt die typischen und oft sehr steifen Standard-Business-Fotos zu verwenden.

Auch die Beiträge für den News-Feed sollten Sie durchdacht aufbauen:

- **Setzen Sie thematische Schwerpunkte:** Content wirkt hochwertiger, wenn sich durch die einzelnen Inhalte **ein konsistentes Bild** ergibt. Fragen Sie sich daher: Was wollen Sie auf LinkedIn erreichen? Wollen Sie Ihre Bekanntheit erhöhen und sich als Experte positionieren? Möchten Sie Ihre Kontakte über die Entwicklungen Ihres Unternehmens informieren? Oder geht es Ihnen primär um Recruiting? Bleiben Sie dann überwiegend und vor allem längerfristig bei einem Thema – das macht sie authentischer und glaubwürdiger, als wenn Sie sich wechselnd zu den unterschiedlichsten Themen immer nur zeitweise äußern. Das wirkt eher kontraproduktiv, wenn Sie einen Expertenstatus erreichen möchten.

- **Fahren Sie Kampagnen:** Mit ähnlichen, thematisch redundanten Beiträgen erreichen Sie insgesamt mehr Nutzer. **Die Wahrscheinlichkeit, dass Ihre Botschaft die Nutzer erreicht, ist höher, wenn Sie mehr als einen Beitrag zu einem Thema teilen.** Sie haben bspw. ein neues Produkt eingeführt? Dann planen Sie mehrere Beiträge darüber und teilen Sie diese über einen längeren Zeitraum. Hierbei ist ein Redaktionsplan sehr hilfreich.
- **Analysieren Sie die Interessen Ihres Netzwerks:** Zielgruppengerechte Inhalte performen grundsätzlich besser. Die Interessen Ihrer Zielgruppe identifizieren Sie zum einen mit eigenen Beiträgen. Indem Sie deren Performance analysieren, lernen Sie, **welche Themen gut bei Ihrem Netzwerk ankommen.** Zum anderen sollten Sie sich aber auch Ihren eigenen Feed ansehen und beobachten, **was Ihre Kontakte selbst teilen, liken oder kommentieren.** Denn das alles bekommen Sie in Ihrem Feed angezeigt. Genau wie bei einer Keyword-Recherche gewinnen Sie aus den Beiträgen Ihrer Kontakte in Ihrem Feed wichtige Informationen über Ihre Zielgruppe: Welche Inhalte teilen sie? Welche Fragen oder Probleme thematisieren sie? Diese Informationen können Sie dann wiederum aufgreifen und **mit passendem Content die Bedürfnisse Ihres Netzwerks bedienen.**
- **Heben Sie sich ab:** Auf einem B2B-Netzwerk steht Professionalität natürlich an oberster Stelle. Damit Ihre Inhalte aber nicht im Feed der Nutzer untergehen, sollten Sie versuchen, sich **von den üblichen – meist sehr nüchternen – Beiträgen abzuheben. Es darf auch mal humorvoll oder emotional sein.** Denn im Business sind Menschen auch Menschen. Wir schätzen Humor und sind emotionale Wesen. Daher trauen Sie sich ruhig, Ihre professionellen Beiträge mit einem Hauch Witz zu verbinden oder mit ihm Gefühle anzusprechen. Es ist erwiesen, dass emotionalisierende Inhalte mehr Interaktionen erzielen. Besonders gute Aufmerksamkeitserreger sind generell Bilder und Videos. Auch wenn Sie „nur“ einen Link Ihrer Website teilen, sollten Sie diesem immer einen Text voranstellen, der interessant zu

lesen ist und Motivation erzeugt, auf den Link zu klicken. **Nur übertreiben Sie es dabei bitte nicht, wenn Sie Witz und Emotionen einsetzen.**

- **Achten Sie auf Mehrwert:** Da ist es wieder, das Buzzword „Mehrwert-Content". Aber auch bei LinkedIn hat es seine Berechtigung – sogar noch mehr als auf den privat genutzten Netzwerken. Im B2B-Bereich kommt es besonders darauf an, dass **die Inhalte wertvoll sind für die Zielgruppe.** Sprechen Sie mit Ihren Beiträgen Ihre Kontakte **bestmöglich und in einem interessanten Kontext** an. Wenn ein Beitrag dies nicht erfüllt, ist es im Zweifel besser, ihn nicht zu posten. Was generell gut funktioniert, sind Tipps für die Karriere und das berufliche Weiterkommen, Anleitungen und Lösungsvorschläge für relevante Probleme, branchenspezifische News und Statements. Wenn Sie auf externe Webseiten verlinken, sollten sich dahinter ebenfalls Mehrwert-Inhalte verbergen, zumal es LinkedIn genauso ungern wie Facebook sieht, wenn Beiträge die Nutzer extern aus der Plattform führen. **Das Netzwerk selbst empfiehlt aber, hochwertigen Content wie Whitepaper, Case Studies und eBooks zu verlinken.**
- **Regen Sie zu Interaktionen an:** Da Likes, Kommentare und Teilen von Inhalten wichtige Ranking-Faktoren sind, sollten Sie diese fördern. Das tun Sie, indem Sie Fragen stellen oder Umfragen erstellen, zur Meinungsäußerung oder zur Diskussion in Ihren Beiträgen auffordern. **Wenn keine Kommunikation auf Ihrem Profil und auf Ihren Beiträgen stattfindet, werden Ihre Inhalte immer seltener angezeigt.** Es gibt inzwischen auch spezielle Reaktionen bei LinkedIn (siehe Abb. 4.7), mit denen die Nutzer Ihre Beiträge nicht nur mit einem „Daumen hoch" bewerten können. An diesen können

Abb. 4.7 LinkedIn Social Signals

Sie wiederum ablesen, wie Sie bei Ihrem Netzwerk ankommen und wie viele Unterstützer Sie haben.

- **Übertreiben Sie es nicht:** Wer im Gespräch bleiben will, muss natürlich regelmäßig etwas von sich hören lassen. Wenn Sie aber jeden Tag und vor allem mehrere Beiträge auf einmal teilen, kann es sein, **dass Ihr Netzwerk bald genervt ist.** Da es bei LinkedIn die Funktion gibt, Beiträge zu verstecken (siehe Abb. 4.8), wirken sich zu hohe Posting-Frequenzen gleich doppelt negativ aus. Zum einen kommen die Beiträge nicht gut bei den Nutzern an, erzielen keine Interaktionen und kaum Reichweite. Zum anderen erkennt der Algorithmus, dass Ihre Beiträge versteckt werden. Er wird dann Ihre **weiteren Inhalte mit geringerer Relevanz werten und weiter unten im Feed der Nutzer anzeigen.**
- **Nutzen Sie nicht nur Ihre Unternehmensseite:** Für Ihr Unternehmen können Sie eine Company Page anlegen. Jedoch sollten Sie nicht nur diese für die Verbreitung von Inhalten einsetzen. Viel wichtiger, weil authentischer, ist es, über **Ihr persönliches Profil sowie über die Ihrer Mitarbeiter und Partner Content zu streuen.** Wie Britta Behrens sagt, wird das Thema **Corporate Influencer** an Bedeutung gewinnen. Und dazu zählen Ihre eigenen Mitarbeiter. (Behrens 2019)

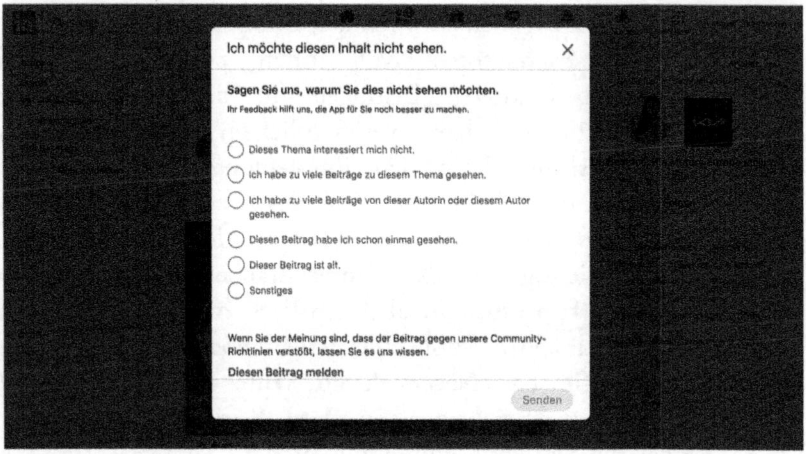

Abb. 4.8 LinkedIn-Funktion: Beiträge nicht mehr anzeigen

- **Setzen Sie auf Qualität statt auf Quantität:** LinkedIn-Nutzer möchten sich auf hohem beruflich-fachlichen Niveau austauschen. Daher sollten Sie **hochwertigen Content teilen und diesen zur Diskussion stellen.** Hierzu gehört nicht nur, eigene Inhalte zu verbreiten, sondern auch **Beiträge anderer Nutzer zu teilen und sich aktiv an Diskussionen zu beteiligen.** Ein aktives Profil sorgt für Reichweite; und zur Aktivität – und damit zur Qualität und Authentizität Ihres Profils – zählen eigene Interaktionen genauso wie Interaktionen auf Ihre Beiträge.
- **Präsentieren Sie sich konsistent und authentisch:** Spam ist in der digitalen Welt in Bezug auf (Mehrwert-)Content generell verpönt, in sozialen Netzwerken kommt es aber ganz besonders auf eine Sache an: Authentizität. **Ihr Unternehmen und Sie selbst werden dann zur Marke, wenn Sie sich ein „Gesicht" geben.** Wer sind Sie? Was zeichnet Sie und Ihr Unternehmen aus? Zeigen Sie Persönlichkeit und teilen Sie mit Ihrem Netzwerk, was Sie interessiert, was Sie beschäftigt und inspiriert. Sie müssen sich mit dem, was Sie teilen, identifizieren (können). Wenn Sie nicht hinter Ihren Inhalten stehen, merkt das Ihr Netzwerks sehr schnell. Lassen Sie Kommentare daher nie unerwidert stehen und beteiligen Sie sich an Diskussionen. **Um Authentizität zu erreichen, hilft ein Redaktionsplan.** Denn durch ihn schaffen Sie Konsistenz für Ihren Content. Das wirkt wiederum authentisch und ist zugleich ein wichtiger Erfolgsfaktor.
- **Schreiben Sie Fachartikel:** Mit Ihrem persönlichen Profil können Sie neben kurzen Beiträgen für den Feed ausführliche Artikel schreiben bzw. veröffentlichen, das sogenannten **LinkedIn Publishing.** Laut den Empfehlungen von LinkedIn können Sie mit dem Publishing-Tool des Netzwerks mit hochwertigen Inhalten über gemeisterte Herausforderungen, ergriffene Chancen oder wichtige Trends in Ihrer Branche berichten. **Diese sind dann sehr oft prominent oben im Feed zu sehen.** Außerdem erscheinen die LinkedIn Publishing-Artikel noch **in den „Highlight"-Emails, die das Netzwerk an seine Nutzer versendet, sowie in den Benachrichtigungen Ihrer Kontakte.** Damit sind diese Artikel für Sie ein Medium mit großem Potenzial, um Ihre Expertise darzustellen, Ihre Vertrauenswürdigkeit zu stärken

und Ihr Image zu fördern. Sie können hier mit informationalen Inhalten Ihre Zielgruppe erreichen ähnlich wie mit einem Ratgeber, Blog oder Magazin auf Ihrer Website. **Sie können relevante Personen(gruppen) auf sich aufmerksam machen genau so, wie Sie es mit informationalen Inhalten in den Suchergebnissen bei Google tun.** Über Hashtags sowie Interaktionen erhöht sich die Reichweite Ihres Artikels. Wenn er gut ankommt, wird er nicht nur besser gefunden, sondern auch höher in den Feeds der Nutzer ausgespielt. Da LinkedIn genau wie Facebook nicht möchte, dass die Nutzer von der Plattform weggeführt werden, wirkt es sich oft nachteilig auf Ihre Beitragsreichweite aus, wenn Sie einen Link in einem Beitrag teilen. Mit den Artikeln haben Sie die Chance, nicht nur kurze Informationen an Ihre Kontakte weiterzugeben, wie es mit den Beiträgen im Feed der Fall ist. **Sie können Informationen in einen komplexeren Kontext setzen und Content spiegeln, der auf Ihrer Website zu finden ist.** So können Sie Ihren Kontakten die Webseiten-Inhalte, die Sie mit ihnen teilen möchten, effizienter präsentieren, ohne dass es sich negativ auf Ihre Reichweite auswirkt.

- **Sponsoren Sie Ihre Beiträge:** Auch in LinkedIn geht es nicht völlig ohne Werbung. Gerade zu Beginn Ihrer Aktivität auf dem Business-Netzwerk erhöhen Sie schneller die Bekanntheit Ihrer Unternehmensseite, indem Sie sich dem sogenannten **Sponsored Content** bedienen. Dabei bewerben Sie gezielt Ihre organischen Beiträge. Sponsored Content hilft Ihnen aber auch, Ihre Zielgruppe besser zu erreichen. Denn Sie können für Ihre Werbemaßnahmen festlegen, welchen Personen der Sponsored Content angezeigt wird. **Damit reduzieren Sie Streuverluste und erreichen die Nutzer, für die Sie und Ihr Unternehmen interessant sind.** Neben Sponsored Content bietet LinkedIn weitere Ads: Sponsored Content, Sponsored InMail, Text Ads, Dynamic Ads, Programmatic Display Ads und Elevate.

4.4.2 Lohnt sich Social Selling über LinkedIn?

Im Vergleich mit anderen Netzwerken können Ihre Beiträge bei LinkedIn eine bessere organische Reichweite erzielen und erhalten mehr Interaktionen, wenn Sie es, wie oben beschrieben, strategisch durchdacht angehen. Daher ist eines klar: **Gerade, wenn Sie im B2B-Bereich tätig sind und LinkedIn noch nicht in Ihrer Content-Strategie integriert haben, sollten Sie es jetzt tun.** Laut einer Studie von HubSpot, einer Plattform für Inbound-Marketing und -Sales, ist die Lead-Generierung über LinkedIn im Vergleich zu anderen Social Media-Plattformen deutlich erfolgsversprechender. Mit einer **Besucher-zu-Lead Conversion Rate von 2,74 %** ist es das beste Netzwerk, wenn Sie auf der Suche nach neuen Leads sind. Vergleicht man LinkedIn mit Facebook und Twitter liegt dort die Conversion Rate gerade einmal bei 0,77 bzw. 0,69 % (Corliss 2020).

Es ist also unbestreitbar: LinkedIn bietet Unternehmen ein **wertschätzungswürdiges Potenzial, wenn es um die Kommunikation und Verbreitung von Inhalten geht.** Nun hat sich im Zuge dessen eine neue Strategie entwickelt, mit der Sie das Potenzial von LinkedIn für Ihre Sales-Aktivitäten nutzen können, **das sogenannte Social Selling.**

„Social Selling ist die Kunst, über langfristigen Beziehungsaufbau und Beziehungspflege Reputation und Weiterempfehlungen zu erhalten. Dabei werden gezielt Social Media-Netzwerke eingesetzt, um Interessenten und Geschäftspartner zu finden, sie zu verstehen, letztendlich auch zu kontaktieren und diese Kontakte zu intensivieren.“ (Maucher 2020).

Es handelt sich dabei also um eine **Unternehmensstrategie, die darauf abzielt, langfristige Beziehungen zu potenziellen Kunden aufzubauen.** Weiterhin soll die Bekanntheit einer Marke dadurch gesteigert und ein grundsätzliches Bewusstsein für diese bei der relevanten Zielgruppe geschaffen werden. Das erfolgt über das soziale Netzwerk, aber ohne den Verkaufsaspekt in den Vordergrund zu rücken oder gar im Sinne einer vertriebstechnischen Kalt-Akquise Personen mit Nachrichten zu bombardieren. Es sollen stattdessen eine Beziehung und Vertrauen bei der Person, mit der man kommuniziert, aufgebaut werden. Man agiert strategisch durch ein **„Social Listening“, bei dem man die Probleme, Fragen und Bedürfnisse der Nutzer identifiziert.** Dann steigt man selbst im richtigen Moment in die Konversation ein, indem man die eigene Expertise darstellt. **Eine hohe eigene Aktivität** nicht nur durch eigene Postings oder LinkedIn-Artikel, sondern ebenso durch Beteiligung in LinkedIn-Gruppen sowie Interaktion mit den Beiträgen des Netzwerks ist **eine wichtige Voraussetzung im Social Selling.** Durch das, was man kommuniziert, gibt man Mehrwert und Know-how weiter, unabhängig von Produkten und Dienstleistungen. An dieser Stelle ist Social Selling mit Content Marketing vergleichbar (siehe Abschn. 2.3). **Das Ziel dabei ist, im Gedächtnis zu bleiben und von den Nutzern kontaktiert zu werden, wenn diese ein konkretes Bedürfnis haben, auf das man die Antwort bzw. für das man die Expertise hat**. Was es für diese Unternehmensstrategie bedarf, sind also vor allem Geduld, Langfristigkeit und Fingerspitzengefühl.

Die Leads, die dadurch entstehen, gehen im zweiten Schritt in die Sales-Abteilung, um dort zum Abschluss gebracht zu werden. Das heißt: In Schritt 1 machen Fachleute durch Ihre Expertise aus Kontakten Interessenten. In Schritt 2 machen die Vertriebler aus den Interessenten Kunden. **Diese 2-Schritt-Lead-Generierung hat einige Vorteile:**

- Die Leads aus dem Social Selling sind deutlich hochwertiger.
- Die Kaufbereitschaft der Interessenten ist höher.
- Der Sales-Prozess kann sich verringern und vereinfachen.
- Die Abschlussquote ist meist höher.

Als Social Seller kommen grundsätzlich alle Mitarbeiter eines Unternehmens infrage. Wichtig ist, dass bei der Kontaktaufnahme **immer der fachliche Austausch im Vordergrund steht.** Sie glänzen zunächst mit Ihrer Expertise, geben etwas, bevor Sie nehmen. Ihre Mitarbeiter agieren dann als sogenannte Corporate Influencer. Je mehr das tun, desto stärker ist der Effekt auf die Inbound-Leadgenerierung.

Ob sich **Social Selling** auch für Sie lohnt, hängt von verschiedenen Faktoren ab. Da es sich um eine Unternehmensstrategie handelt, können Sie nur dann erfolgreich sein, wenn Sie diese **nachhaltig und langfristig betreiben.** Sie muss im Unternehmen etabliert und konsequent umgesetzt werden, um erfolgreich zu sein. Eben einmal schnell Leads generieren, ist nicht der Sinn von Social Selling und geht meist schief. Social Selling entspricht der sich wandelnden Customer Journey, die, wie oben bereits erwähnt, immer komplexer wird. Die Touchpoints werden vielfältiger – auch im B2B-Bereich. Aktivitäten auf **LinkedIn** allgemein sind eine **Chance, potenzielle Kunden und Partner frühzeitig auf sich aufmerksam zu machen** und über einen fachlichen Austausch zu erreichen. So entsteht Vertrauen in Ihre Marke – heutzutage ein absoluter Pluspunkt. Mit Social Selling können Sie den Touchpoint zwischen Zielgruppe und Marke auf einer sozialen Ebene gezielt einsetzen und lenken. Sofern Sie bereit sind, Geduld zu haben und erst einmal zu geben, bevor Sie nehmen.

4.5 Die Spielregeln von XING

XING ist der deutsche Konkurrent von LinkedIn, wobei sich das deutsche Business-Netzwerk bei uns früher durchgesetzt hat und deutlich länger etabliert ist. Mit 17 Mio. Profilen liegt XING aktuell noch vor LinkedIn, was den DACH-Raum betrifft (Stand: März 2020). Doch das internationale Business-Netzwerk holt nicht nur immer mehr auf. Hier sind die Nutzer auch aktiver als bei XING, das mit zwei Millionen Nutzern, die wöchentlich aktiv sind, schwächer performt.

Was die Spielregeln des deutschen Business-Netzwerks anbelangt, so gibt es hier **sehr viele Gemeinsamkeiten mit LinkedIn:**

- Sie können ebenso **ein persönliches Profil und eine Seite für Ihr Unternehmen** anlegen. Die klassische Unternehmensseite wurde allerdings im Herbst 2019 abgeschafft. An Ihre Stelle ist das **Employer Branding-Profil** getreten. Dieses soll Arbeitgebern eine noch effizientere Möglichkeit für das Recruiting bieten. Wie bei der früheren Unternehmensseite können Sie Fotos, Videos und Texte Ihrem Profil hinzufügen. Stellenausschreibungen docken Sie über den TalentManager an.
- Ähnlich wie bei LinkedIn gibt es **einen kostenfreien Basis-Account** mit eingeschränkten Funktionen und **einen kostenpflichtigen Premium-Account sowie verschiedene Tools** wie bspw. XING ProBusiness, ein Service, der bei der Lead-Suche unterstützen soll.
- Im deutschen Business-Netzwerk stehen genau wie bei LinkedIn **geschäftliche Beziehung und der fachliche Austausch im Vordergrund.**

- Sie können XING nicht nur als **Recruiting-Kanal** nutzen, sondern ebenso, **um Kontakte zu knüpfen, zur erweiterten Unternehmenskommunikation sowie zur Leadgenerierung.**
- Einen **Feed,** in dem Sie Beiträge mit Text und/oder Bild bzw. Video sowie Links teilen können, gibt es ebenfalls.
- Genau wie bei LinkedIn gibt es **verschiedene Gruppen,** in die Sie eintreten und an deren Diskussionen Sie sich beteiligen können. Hier hat XING einen klaren Vorteil, denn die LinkedIn-Gruppen sind nach wie vor primär englischsprachig und international ausgerichtet. Für Unternehmen, die nur im deutschsprachigen Raum aktiv sind, macht die Teilnahme an LinkedIn-Gruppen daher oft keinen Sinn.

Diese Gruppen machen letztendlich **das Zentrum** aus, wenn Sie XING für Ihre Content-Strategie nutzen. Denn hier findet **der größte Teil der Kommunikation** statt. Über 70.000 Gruppen gibt es dort inzwischen. Die Gruppenmitglieder tauschen sich zu verschiedensten Themen aus, z. B. Design, Consulting oder Coaching.

Zu den größten Gruppen gehören:

- **XING Studenten mit über 650.000 Mitgliedern.** Hier werden aktuelle Themen für Studenten diskutiert. In der Gruppe gibt es einen Marktplätze, auf der man Stellenangebote teilen kann.
- **Freiberufler Projektmarkt mit über 166.000 Mitgliedern.** Hier sind Webinare mit über 1000 Teilnehmern möglich. Man kann Projekte und Kunden finden sowie Produkte und Lösungen speziell für Freiberufler.
- **Absolventen – Gesuche und Angebote – Praktika – Nebenjobs – Diplomarbeiten – Berufseinstieg mit über 132.000 Mitgliedern.**
- **Vertrieb & Verkauf mit über 120.000 Mitgliedern.** Hier steht der Austausch zum Verkauf im Vordergrund. Dieser wird als Handwerk gesehen und soll wie eine Wissenschaft weiterentwickelt werden.
- **Querdenker United mit über 100.000 Mitgliedern.** Hierbei handelt es sich um die größte Vereinigung für Ideen, Innovationen und Kreativität.

In den Gruppen können Sie zudem Veranstaltungen promoten und Beiträge verfassen. Dadurch, dass sich in einer Gruppe, die für Sie relevant ist, **mit hoher Wahrscheinlichkeit bereits Ihre Zielgruppe befindet,** sind die Streuverluste Ihrer eigenen Beiträge geringer. Wenn Sie Inhalte in einer Gruppe teilen, erreichen Sie sehr wahrscheinlich genau die Personen auf XING, die Sie erreichen wollen.

Genau wie bei LinkedIn können Sie im deutschen Business-Netzwerk **Ihr Know-how sowie Ihre Expertise zeigen und dadurch Ihr Image sowie Ihre Bekanntheit verbessern.** Und dafür sind die XING-Gruppen geradezu ideal. Wenn Sie etwas Interessantes zu sagen haben, bekommen Sie dort auf jeden Fall die gewünschte Aufmerksamkeit. Sie können auch selbst eine Gruppe gründen oder Moderator einer solchen werden. Ein Moderator steuert die Gruppe und kann den Mitgliedern Newsletter senden. **Die Gruppen-Diskussionen und der fachliche Austausch können zudem für Sie selbst gewinnbringend sein.** Hier werden nicht selten Denkanstöße gegeben, Ideen weiterentwickelt und Produkte bzw. Dienstleistungen optimiert. Die Kommunikation auf XING ist als hochwertig in jeglicher Hinsicht einzustufen.

4.5.1 Content für XING, der wirkt

Im Endeffekt gelten für den Content, den Sie auf XING veröffentlichen, die gleichen Grund-Prinzipien wie bei den vorangegangenen Sozialen Netzwerken:

- Achten Sie auf **Mehrwert und Qualität,** egal was und wo Sie es teilen – also in Ihrem Feed oder in einer Gruppe.
- Sie können XING sehr gut nutzen, **um Inhalte Ihrer Website** wie Blog-, Magazin- und Ratgeber-Beiträge sowie eBooks, Whitepaper und Infografiken **zu teilen.** Damit fungiert das Business-Netzwerk ähnlich wie der Content Marketing-Ansatz als weiterer Weg, um die Nutzer auf Ihre Webseiten-Inhalte zu bringen (siehe Abschn. 2.3)
- **Seien Sie höflich und kuratieren Sie Beiträge anderer Mitglieder.** Kuratieren bedeutet, dass Sie Inhalte anderer Mitglieder empfehlen. Das fällt positiv aus und motiviert die Nutzer, Ihre

Beiträge ebenfalls zu empfehlen. **In einem Sozialen Netzwerk sollte die Kommunikation nie in nur eine Richtung laufen.** Da XING (genau wie LinkedIn) dem fachlichen Austausch dient, sollten Sie auf die Beiträge anderer Mitglieder reagieren.

- **Nutzen Sie das Potenzial der Corporate Influencer:** Legen Sie mindestens Profile für Ihre Geschäftsführung an sowie ein Employer Branding-Profil. Halten Sie zudem Ihre Mitarbeiter an, sich gleichfalls XING-Profile zu erstellen, sofern sie das nicht ohnehin bereits getan haben. Wenn sich Ihre Mitarbeiter dann mit dem Branding-Profil verknüpfen, können Sie als **Corporate Influencer** aktiv werden.
- **Setzen Sie bei den XING-Gruppen auf die Influencer-Ansprache:** Insbesondere die Moderatoren der Gruppen sind wichtige **Business-Influencer.** Aber auch Meinungsführer in einer Gruppe, die sich rege an Diskussionen beteiligen, können diesen Status haben. Diese Influencer können Sie dabei unterstützen, Ihre Reichweite zu steigern. Tauschen Sie sich daher fachlich immer mit den Moderatoren und anderen Meinungsführern einer Gruppe aus und vernetzen Sie sich mit ihnen.

4.5.2 XING oder LinkedIn?

Beide Business-Netzwerke sind wertvolle zusätzliche Kanäle, um Ihren Online-Content zu verbreiten. Insbesondere **für B2B-Unternehmen,** für welche Facebook, Instagram und Co. nur sehr begrenzt funktionieren, sind LinkedIn und XING **erfolgsversprechende Kommunikationsmittel,** um relevante Zielgruppen direkt anzusprechen. Da sich XING im DACH-Raum vor LinkedIn bereits etabliert hat, schlummert hier immer noch ein großes Potenzial an Interessenten, Leads und Partnern. **LinkedIn** ist aber ganz stark am Aufholen und ähnelt in den Funktionen und Content-Arten zunehmend den primär privat genutzten Sozialen Netzwerken. Es **entwickelt sich mehr und mehr zur offenen Content-Plattform** und bietet dadurch für Ihre Content-Strategie ein deutlich **größeres Potenzial als XING.** Das Netzwerk ist zudem lebhafter, es findet ein reger Austausch auf der Plattform statt. Auch die Anzahl verschiedener Ads ist bei LinkedIn größer als beim deutschen Business-Netzwerk. Damit bietet **LinkedIn** (fast) die gleichen Möglichkeiten **wie Facebook oder Instagram** – nur eben **speziell zugeschnitten für den Business-Bereich.**

In diesem Zusammenhang sollten Sie jedoch wissen, dass sich **XING** seit Ende 2019 **neu fokussiert** hat. Der Schwerpunkt liegt nun ganz eindeutig **auf dem Recruiting bzw. Employer Branding.** Statt ein allgemeines Business-Netzwerk zu sein, will XING vor allem ein Tool für Arbeitgeber sein. Es möchte **bei der Suche nach Fachkräften unterstützen.** Hierfür hat das Netzwerk die kostenpflichtigen Dienstleistungen TalentManager und TalentService ins Leben gerufen. Letztere soll das digitale Recruiting automatisieren und zudem datengetrieben, transparenter und schneller machen. XING unterstützt Unternehmen damit bei der gezielten Suche nach geeigneten Kandidaten, ohne dass das Unternehmen erst einmal selbst aktiv werden muss. Im Zuge der Neu-Fokussierung wurden die sogenannten Business-Seiten, die der Präsentation eines Unternehmens dienten, abgeschafft. Die Employer Branding-Profile, die an Ihre Stelle getreten sind, erscheinen dafür nicht nur bei XING selbst, sondern ebenso bei der Bewertungsplattform kununu.

Nach diesen Ausführungen könnte man LinkedIn als Sieger und erfolgversprechendere Plattform ansehen. Jedoch ist XING aktuell immer noch der Platzhirsch im DACH-Raum. Daher sollten Sie zum jetzigen Zeitpunkt **auf beide Business-Netzwerke setzen.** Wenn LinkedIn allerdings wie in den letzten Jahren in Deutschland, Österreich und der Schweiz weiter wächst, kann sich das bald ändern. XING könnte dann nur noch für Arbeitgeber auf Fachkräfte-Suche relevant sein. Um das aktuell noch vorhandene Kontakt-Potential bei XING zu nutzen, sollten Sie hier auf die 1:1-Kommunikation setzen sowie auf die Beteiligung in Gruppen. Mit dem Angebot an XING Ads können Sie zudem eine ganz gute bezahlte Reichweite erzielen. **Viele Inhalte können Sie zudem spiegeln und für beide Netzwerke verwenden.** Aufgrund der Verschiebung von XING in Richtung Employer Branding sollten Sie jedoch den Schwerpunkt Ihrer Content-Aktivitäten bereits jetzt auf LinkedIn legen.

4.6 Gemeinsamkeiten der Spielregeln von Social Media und Suchmaschinen

Die bisherigen Ausführungen haben es bereits gezeigt: Es gibt einige Gemeinsamkeiten bei den Spielregeln, die in den Suchmaschinen gelten, und denen in den Sozialen Medien. Somit lassen sich auch Parallelen ziehen und Learnings, die Sie aus der Optimierung von Inhalten für die Suchmaschinen erlangt haben, auf die Content-Erstellung für Facebook und Co. übertragen. Tab. 4.2 zeigt die Gemeinsamkeiten der beiden Kanäle auf.

Wenn Sie bereits länger erfolgreich Webseiten-Inhalte erstellen, trauen Sie sich ruhig, Ihre Kanäle zu erweitern. Wie Sie in Tab. 4.2 sehen, gibt es bei beiden Kanälen **einen Algorithmus, an dem Sie vorbeikommen müssen,** wenn Ihre Inhalte gut auffindbar sein sollen. Sprich: Sie sollten Ihre Inhalte so optimieren, dass die Algorithmen diese als relevant einstufen. Alle Algorithmen verwenden hierfür verschiedene Faktoren – bei den Suchmaschinen sind diese allerdings deutlich komplexer bzw. umfangreicher.

Das Interesse der Nutzer, das sich in den Suchanfragen – wenn diese bei Google & Co. oder in den Sozialen Medien etwas suchen – widerspiegelt, steht für die Suchmaschinen und die Sozialen Netzwerke im Fokus. **Ob der Content (Webseiteninhalt oder Social Media-Beitrag) zu den Nutzerinteressen passt,** bewerten alle Algorithmen vor allem daran, **dass er bestimmte Schlüsselbegriffe (Keywords bzw. Hashtags) enthält.**

Das Verhalten der Nutzer, deren Interaktionen mit dem Content, sind ein wichtiger Qualitätsfaktor. **Inhalte, die nicht gut ankommen** – gemessen an den Nutzersignalen und den Social Signals – **verlieren an Ranking-Positionen in den Suchergebnissen bzw. im Feed.** Egal, auf welchem Kanal Sie Content veröffentlichen – es kommt immer auf hochwertige, zielgruppenrelevante Inhalte an. Überlegen Sie immer, ob die Inhalte den Nutzern Mehrwert bietet.

Aufgrund dieser zahlreichen Gemeinsamkeiten **können Sie Synergie-Effekte nutzen,** wenn Sie sich bei Ihrer Content-Strategie nicht nur auf Ihre Website konzentrieren. Die **Sozialen Netzwerke** sind für

Tab. 4.2 Gemeinsamkeiten der Spielregeln von Social Media und Suchmaschinen

	Suchmaschinen	Soziale Medien
Algorithmus	Der Algorithmus von Google und anderen Suchmaschinen **listet die Suchergebnisse für eine Suchanfrage entsprechend seiner Rankingfaktoren.** Neben den wichtigsten Rankingfaktoren – Content und Backlinks – gehören noch zahlreiche andere Faktoren, die bspw. technische Voraussetzungen wie die Ladezeit oder die Web Vitals (vgl. Glossar) betreffen	Der Algorithmus der Sozialen Netzwerke **listet die Beiträge im Feed entsprechend ihrer Relevanz für den jeweiligen Nutzer.** In Betracht gezogen werden dabei die Interessen des Nutzers sowie seine bisherige Interaktion mit den Beiträgen eines Profils. Weiterhin ist die Performance eines Beitrags für die Position im Feed entscheidend
Schlüsselwörter	Um zu zeigen, dass Inhalte relevant sind für eine Suchanfrage, muss der Content **Schlüsselwörter, die sogenannten Keywords, enthalten.** Denn nur, wenn diese im Text vorhanden sind, erkennen Google & Co. die Relevanz. Die Keywords entsprechen den Suchanfragen sowie Synonymen und weiteren Begriffen, die in semantischer Beziehung mit der Suchanfrage stehen	Was die Keywords für Webseiten-Inhalte sind, sind die Hashtags für Social Media. In den Sozialen Netzwerken suchen Nutzer ebenfalls nach interessanten Inhalten. Mit den **Hashtags können Sie Ihre Beiträge verschlagworten,** sodass diese dann auffindbar sind, wenn Nutzer danach suchen. Die Algorithmen der Netzwerke erkennen ebenfalls durch die Hashtags, bei welchen Nutzerinteressen Ihre Inhalte relevant sind und können diese dann entsprechend in den Feeds listen

(Fortsetzung)

Tab. 4.2 (Fortsetzung)

	Suchmaschinen	Soziale Medien
Nutzerverhalten	Google & Co. möchten das beste Suchergebnis für die Nutzer. Daher ist das Verhalten der Nutzer, wenn sie eine Seite besuchen, sehr wichtig für die Bewertung von Webseiten. Zu den **Nutzersignalen,** die für die Bewertung von Webseiten relevant sind, gehören: Klickrate, also das Klicken auf ein Suchergebnis Verweildauer auf der Website Absprungrate, die Dauer, bis der Nutzer zum Suchergebnis zurückkehrt	Facebook & Co. möchten den Feed so strukturieren, dass er dem jeweiligen Nutzer gefällt. Er soll die interessanteste und relevantesten Beiträge direkt oben anzeigen. Um die Qualität bewerten zu können, sind die **Social Signals** wichtig. Sie zeigen den Netzwerken direkt, ob der Inhalt gut ankommt oder nicht. Zu den Nutzersignalen gehören: Likes und andere Reaktionen Teilen oder Empfehlen von Beiträgen Kommentieren von Beiträgen Verweildauer auf Beiträgen bzw. Views von Videos und Öffnen von Links

diese **ein guter Sparringspartner.** Zum einen, weil Sie die Inhalte Ihrer Website dort teilen und damit auf sich aufmerksam machen können (auch wenn Sie dies vor allem bei Facebook und LinkedIn nur gezielt und vereinzelt tun sollten). Zum anderen, weil Google und andere Suchmaschinen es registrieren, wenn Ihre Social Media-Profile viele Interaktionen erhalten. Sie werden dann offensichtlich als Experte wahrgenommen bzw. Ihre Inhalte haben offenkundig Relevanz. Da die Sozialen Medien immer wichtiger werden und zudem neben den Nutzersignalen aus der Suche auch die Social Signals zeigen, wie gut Inhalte bei den Nutzern ankommen, gehen Experten davon aus, dass im nächsten Jahr **Social Signals einen größeren Einfluss auf die Suchmaschinen-Rankings** bekommen. Positive Social Signals wirken sich dann auf Ihre Platzierungen in den Suchergebnissen aus, Sie werden besser gefunden und Ihre Texte werden gelesen. Damit schließt sich der Kreis.

Doch nicht allein aus dem Grund, dass Social Signals hilfreich für Ihre Auffindbarkeit sind, sollten Sie sich an die **Sozialen Netzwerke** heran wagen. Sie sind nämlich **ein weiterer wichtiger Kanal, damit Ihre Inhalte Ihre Zielgruppe erreichen** – und hier hat dieser einen entscheidenden Vorteil im Vergleich zu den Suchmaschinen. Denn in den Sozialen Medien können Sie die Gesamtzahl der Nutzer besser auf Ihre Zielgruppe eingrenzen. Damit ist es **wahrscheinlicher, dass Ihr Content die Personen erreicht, für die er gemacht ist, und die Wirkung erzielt, die Sie sich wünschen.** In den Suchergebnissen kann grundsätzlich erst einmal jeder Sie finden – egal ob er zu Ihrer Zielgruppe gehört oder nicht. Je generischer eine Suchanfrage ist, für die man Sie findet, desto breiter ist das Publikum. Das ist natürlich zunächst nicht schlecht, denn Sie wollen ja möglichst viel Traffic auf Ihrer Website haben. Wenn Sie jedoch Inhalte, Produkte oder Dienstleistungen anbieten, die nur für eine bestimmte Zielgruppe bestimmt sind (zum Beispiel Mode für große Größen oder Business-Tools für Start-ups), wird der Großteil der Besucher nicht zu Kunden oder wiederkehrenden Besuchern werden. Eben weil ein großer Teil nicht Ihrer Zielgruppe entspricht. In den **Sozialen Medien** hingegen gewinnen Sie Follower bzw. bauen sich ein Netzwerk auf. **Die Personen, die Ihnen folgen, sind an Ihren Inhalten und Ihrem Unternehmen interessiert.** Sie gehören damit höchstwahrscheinlich zu Ihrer Zielgruppe. Durch Ads können Sie zudem Ihren Content sponsoren und so steuern, dass er nur Ihrer definierten Zielgruppe ausgespielt wird. **Mit einem Engagement auf Sozialen Medien erhöhen Sie die Reichweite Ihrer Content-Strategie.** Daher sollte es eine Säule für Ihren Online-Erfolg bilden.

Literatur

Behrens, B. (2019). *Warum LinkedIn die ultimative Content-Plattform ist (Interview).* https://www.linkedin.com/pulse/warum-linkedin-die-ultimative-content-plattform-ist-britta-behrens. Zugegriffen: 18. Dez. 2020.

Corliss, R. (2020). *LinkedIn 277% More Effective for Lead Generation Than Facebook & Twitter [New Data].* https://blog.hubspot.com/blog/

tabid/6307/bid/30030/LinkedIn-277-More-Effective-for-Lead-Generation-Than-Facebook-Twitter-New-Data.aspx. Zugegriffen: 29. Nov. 2020.

Instagram. (o. J. a). *IGTV.* https://about.instagram.com/de-de/features/igtv. Zugegriffen: 22. Nov. 2020.

Instagram. (o. J. b). *Stories.* https://about.instagram.com/de-de/features/stories. Zugegriffen: 22. Nov. 2020.

Maucher, A. (2020). *Social Selling im B2B-Bereich via LinkedIn: Tipps, Tricks und Erfahrungen am Beispiel von Piwik PRO.* https://blog.socialhub.io/social-selling-linkedin-piwik-pro/. Zugegriffen: 21. Dez. 2020.

Statista. (2020). *Ranking der größten Social Networks und Messenger nach der Anzahl der Nutzer im Januar 2020.* https://de.statista.com/statistik/daten/studie/181086/umfrage/die-weltweit-groessten-social-networks-nach-anzahl-der-user/. Zugegriffen: 30. Jan. 2021.

5 Zusammenfassung und Ausblick

Ihr Ziel ist es, dass Ihre Texte gelesen werden und wirken. Hierfür sollten Sie nach den Spielregeln der Kanäle spielen, in denen Ihre Inhalte zu finden sind – Suchmaschinen oder Soziale Medien. **Der erste Schritt zur Zielerreichung ist es nämlich, dass Ihre Zielgruppe Ihre Texte findet.** Und hier sind Sie in der digitalen Welt abhängig von den Algorithmen der Suchmaschinen und Sozialen Netzwerke. Je nachdem, an welcher Position (bzw. ob überhaupt) die Algorithmen Ihren Content ausspielen, finden die Nutzer Sie besser oder schlechter. Wenn die Nutzer Sie finden, dann kommt **Schritt 2: Ihre Inhalte müssen gefallen.** Daher sollte im Zentrum Ihrer Content-Strategie und damit im Zentrum jeder Texterstellung der Nutzer bzw. Ihre Zielgruppe stehen. Die Interessen der Nutzer lassen sich durch eine Keyword-Recherche identifizieren. Diese sollten Sie bedienen und als Experte für diese auftreten. Ansonsten gilt in Bezug auf zielgruppengerechte Inhalte: Ausprobieren. **Zum Online-Erfolg gehören daher immer auch Monitorings und Analysen.** Deren Ergebnisse lassen sich dann nutzen, um Ihren Content zu optimieren und zu verfeinern, so dass er immer zielgruppengerechter wird. **Content-Erstellung für digitale Medien ist also kein abgeschlossener Status, sondern ein**

B. Eiring, *Guten Content schreiben,* https://doi.org/10.1007/978-3-658-33657-8_5

stetiger Prozess. Analog zum ständigen Wandel der Online-Welt sollten sich auch Ihre Inhalte wandeln. Die sogenannte Content-Hygiene (vgl. Glossar) ist schon seit Längerem ein wichtiger Teil von Content Strategien. Indem Sie Ihre Inhalte an Veränderungen, wie schlechtere Rankings oder abnehmende Social Signals, anpassen, stellen Sie langfristig sicher, dass Ihre Texte gelesen werden und wirken.

Der 3. Schritt, um Ihr Ziel zu erreichen, besteht darin, **die Aufmerksamkeit für Ihre Inhalte zu steigern.** Backlinks, die nach eigenen Angaben von Google neben dem Content der zweite wichtige Ranking-Faktor sind, können Ihnen Aufmerksamkeit, zusätzliche Reichweite und Traffic bringen. Im Sinne des Content Marketings sollten Sie also Ihre Webseiteninhalte vermarkten und andere Websites um Verlinkungen bitten. **Mit Aktivitäten auf Social Media ergänzen Sie Ihr Content Marketing und verbessern Ihre Bekanntheit sowie Ihr Image.** Sich ganzheitlich auf verschiedenen Kanäle als Experte zu präsentieren, ist ein wichtiger Faktor für Ihren Online-Erfolg.

Für den Online-Erfolg ist natürlich ebenso die Content-Qualität unabdingbar. Gerade, wenn Sie sich einen Expertenstatus aufbauen, kommt es auf Hochwertigkeit an. Jedoch ist nicht nur die sprachliche und inhaltliche Qualität entscheidend, sondern ebenso die strukturelle. Das Online-Leseverhalten unterscheidet sich davon, wie wir Print-Medien lesen. **Wenn Ihre Texte gefallen sollen, müssen sie auch gut lesbar sein – für die Nutzer und die Suchmaschinen.** Eine klare Struktur, Leseeinstiegshilfen und Auflockerungen durch Bilder sowie Videos sind inzwischen keine Best Practices mehr, sondern Grundvoraussetzungen für guten Content. Das Schaufenster in Ihre Webseite – die Seitenvorschau in den Suchergebnissen – sollten genauso gut gepflegt sein wie Ihr stationäres Ladengeschäft oder Ihr Büro für den Publikumsverkehr.

Vieles, das für die Optimierung von Webseiteninhalten gilt, lässt sich auf **die Sozialen Medien** übertragen. Denn diese **sind der Suchmaschinen-Welt nicht unähnlich.** Dennoch haben nicht nur die Sozialen Netzwerke im Allgemeinen und jedes Netzwerk im Speziellen noch einmal eigene Spielregeln, die Sie kennen sollten. Die Content-Möglichkeiten unterscheiden sich je nach Plattform und ebenso die Möglichkeiten, Ihre Zielgruppe zu erreichen. In Ihrer Content-Strategie sollten Sie abwägen, welche Plattform für Sie am erfolgsversprechenden erscheint und welche am besten zu Ihren gesteckten Zielen passt.

Auch wenn die digitale Welt Spielregeln hat, an die Sie gebunden sind, wenn Ihre Texte wirken sollen, sind es doch **genau diese Spielregeln, die Sie am Ende zum Erfolg führen.** Denn sie geben den Weg vor, auf dem Sie Ihre Zielgruppe erreichen. Sie müssen Ihre Inhalte nicht planlos in die Welt schreien, sondern wissen, **wo und vor allem wie Sie kommunizieren müssen, damit Ihr Content ankommt.** Verteufeln Sie also nicht die digitale Welt, verteufeln Sie nicht, dass Sie Keywords in Ihren Texten verwenden oder Zeit in die Optimierung Ihrer Inhalte stecken sollen. Sondern adaptieren Sie die Regeln und machen Sie die digitale Welt zu Ihrem Spielfeld.

Weiterführende Literatur

Akhtar, A. (2020). *How to track social media traffic with google analytics (step by step).* https://www.monsterinsights.com/how-to-analyze-social-media-traffic-with-google-analytics/. Zugegriffen: 4. Nov. 2020.

Berndl, J. (2018). *LinkedIn-Algorithmus Hacking – So verschaffst du deinen Beiträgen eine größere Reichweite.* https://swat.io/de/lernen/wie-der-linkedin-algorithmus-funktioniert/. Zugegriffen: 18. Dez. 2020.

Brückner, B. (2019). *In 5 Schritten erfolgreich bei Xing.* https://www.fuer-gruender.de/blog/xing-fuer-unternehmen-5-schritte/. Zugegriffen: 22. Dez. 2020.

Brückner, B. (2020). *LinkedIn oder Xing? Das ist NICHT die Frage.* https://www.fuer-gruender.de/blog/linkedin-oder-xing/. Zugegriffen: 22. Dez. 2020.

Dickhardt, M. (2011). *Xing für Unternehmen.* https://www.1-2-social.de/blog/xing-fur-unternehmen/. Zugegriffen: 22. Dez. 2020.

Ergenzinger, D. (2019). *LinkedIn Kosten – Eine Übersicht.* https://buildnbreak.de/linkedin-kosten. Zugegriffen: 21. Dez. 2020.

Firsching, J. (2020). *Instagram Guides – Die neuen Landing Pages auf Instagram.* https://www.futurebiz.de/artikel/instagram-guides/. Zugegriffen: 17. Nov. 2020.

Heine, C. (2020). *10 Instagram-Powertipps vom Marketingprofi*. https://www.gruendermacher.de/artikel/10-instagram-powertipps-vom-marketingprofi/. Zugegriffen: 4. Nov. 2020.

Hillebrandt, N. (2021). *Was funktioniert in 2021 wirklich, um mehr Instagram-Follower zu bekommen? (wie ich von 0 auf 60k gekommen bin)*. https://www.blogmojo.de/instagram-follower-bekommen/. Zugegriffen: 3. Jan. 2021.

Holze, S. (o. J.). *Der falsche und der richtige Weg die ersten 1000 Facebook-Fans zu bekommen*. https://sandraholze.com/facebook-fans-bekommen/. Zugegriffen: 2. Nov. 2020.

IONOS. (2019). *IONOS Digitalguide: Soziale Netzwerke: Die wichtigsten Social-Media-Plattformen im Überblick*. https://www.ionos.de/digitalguide/online-marketing/social-media/die-wichtigsten-social-media-plattformen/. Zugegriffen: 4. Nov. 2020.

Jechorek, J. (2020). *Die Formel für den perfekten Facebook-Post*. https://blog.hubspot.de/marketing/perfekter-facebook-post. Zugegriffen: 2. Nov. 2020.

Kontor 4 GmbH. (2020). *Social Media 2021: Aktuelle Nutzerzahlen*. https://www.kontor4.de/beitrag/aktuelle-social-media-nutzerzahlen.html. Zugegriffen: 4. Nov. 2020.

Maucher, A. (2020). *Der Instagram-Algorithmus: 7 Tipps, wie deine Posts "sichtbar" werden*. https://blog.socialhub.io/instagram-algorithmus/. Zugegriffen: 13. Nov. 2020.

Maucher, A. (2020). *Der LinkedIn-Algorithmus: 6 Tipps für mehr Sichtbarkeit und Reichweite*. https://blog.socialhub.io/linkedin-algorithmus/. Zugegriffen: 29. Nov. 2020.

Murage, P. (2020). *Linktree Alternatives: The Best 10 and the FREE Tool I Use*. https://petermurage.com/linktree-alternatives/. Zugegriffen: 4. Nov. 2020.

Nix, P. (2019). *Instagram: Du brauchst keinen Linktree!* https://socialmediadozent.com/instagram-linktree/. Zugegriffen: 4. Nov. 2020.

O'Laery, E. *Spickzettel: Instagram-Story-Format + Bildgrößen auf einen Blick*. https://blog.hubspot.de/marketing/instagram-story-format. Zugegriffen: 22. Nov. 2020.

Patel, N. (o. J.). *How to get B2B Leads & Clients*. https://neilpatel.com/training/linkedin-unlocked/leads/. Zugegriffen: 2. Nov. 2020.

Pein, V. (2013). *Die Geschichte der Social Networks*. https://der-socialmediamanager.de/die-geschichte-der-social-networks/. Zugegriffen: 31. Okt. 2020.

Sehl, K. (2020). *LinkedIn für Unternehmen: Der Schritt-für-Schritt-Leitfaden für Marketer*. https://blog.hootsuite.com/de/linkedin-fuer-unternehmen-marketing-leitfaden/. Zugegriffen: 21. Dez. 2020.

Smith, K. (2020). *57 interessante Zahlen und Statistiken rund um YouTube*. https://www.brandwatch.com/de/blog/statistiken-youtube/. Zugegriffen: 31. Okt. 2020.

Statista. (2020). *Welche Social-Media-Plattform ist für Ihr Unternehmen am wichtigsten*. https://de.statista.com/statistik/daten/studie/463928/umfrage/wichtigste-social-media-plattformen-fuer-marketingverantwortliche/ Zugegriffen: 30. Jan. 2021.

Tantau, B. (o. J.). *11 nützliche Tipps für erfolgreiche Facebook Unternehmensseiten*. https://bjoerntantau.com/tipps-erfolgreiche-facebook-unternehmensseiten-05072016.html. Zugegriffen: 2. Nov. 2020.

Zantal-Wiener, A. (2019). *Tipps für eine erfolgreiche Facebook-Unternehmensseite*. https://blog.hubspot.de/marketing/tipps-facebook-unternehmensseite. Zugegriffen: 2. Nov. 2020.

Zehmisch, M. (2018). *Tipps für Ihre Social Media Strategie in Xing Gruppen*. https://www.blog2social.com/de/blog/tipps-xing-gruppen-social-media-strategie/. Zugegriffen: 22. Dez. 2020.

6 Ausführliches Glossar

ALT-Attribut
Auch: ALT-Tag.
Hierbei handelt es sich um einen Text, der eine Grafik beschreibt und für Bilddateien einer Webseite hinterlegt wird. Der Bestandteil *ALT* bedeutet *Alternative.* Damit wird die Funktion des ALT-Attributs klar. Sollte ein Bild nicht angezeigt werden können, erscheint statt des Bildes der Text als Alternative. Google & Co. nutzen das ALT-Tag aber auch, um den Bildinhalt zu verstehen. Denn diesen können sie nicht direkt herauslesen. Für Menschen mit Sehbehinderung erfüllt das Attribut eine weitere wichtige Funktion: Den im Attribut hinterlegten Text können sie sich von einem Screenreader vorlesen lassen. So können sie ebenfalls die Bilder „sehen".

Backlink
Deutsch: Rückverweis. Auch: Inbound Link, Deutsch: eingehender Verweis.
Darunter versteht man einen externen Link, der von einer Webseite auf einer anderen eingeht. Website A verweist durch den Link auf Website B. Backlinks gibt es seit Anbeginn des World Wide Webs, noch bevor

B. Eiring, *Guten Content schreiben,* https://doi.org/10.1007/978-3-658-33657-8_6

die Suchmaschinen entstanden sind. Sie vereinfachten es damals, durch das Web zu navigieren. Heute sind Backlinks vor allem für die Suchmaschinenoptimierung relevant, da sie ein bedeutender Ranking-Faktor in den Suchergebnissen sind. Je mehr Backlinks eine Website hat, desto höher sind ihre Populariät und ihre Wichtigkeit einzustufen. Man kann an ihrer Anzahl ablesen, wie hoch das Ansehen einer Seite im Web ist.

Bilder-SEO
Auch: Bilderoptimierung oder Bilder-Suchmaschinenoptimierung
Es handelt sich dabei um einen Teil der OnPage-Optimierung, die im Rahmen der Suchmaschinenoptimierung für eine Webseite unternommen wird. Die Bilder-SEO richtet sich auf den Bild-Dateinamen, die Bild-Dateigröße und die Platzierung der Bilder auf einer Seite. Das Ziel der Bilderoptimierung ist es, dass sie in der Goolge Bildersuche erscheinen. Durch eine gute Platzierung in der Bildersuche kann man die Sichtbarkeit einer Webseite steigern.

Content Hygiene
Sie ist ein Mittel der Suchmaschinenoptimierung, um sicherzustellen, dass die Inhalte einer Website über einen langen Zeitraum hinweg gut in den Suchmaschinen auffindbar sind. Content, der gut performt und in den Top-10 für relevante Suchanfragen der Nutzer gefunden wird, wird dies nicht für immer tun. Die im Netz auffindbaren Inhalte verändern sich: Es kommen neue Seiten hinzu, Google & Co bewerten Content von Mitbewerbern plötzlich als relevanter und aktueller. Bemerkbar macht sich dies dadurch, dass die Keyword-Ranking-Positionen einer Website fallen. Die Content Hygiene wirkt diesem Trend entgegen, indem man den Content überarbeitet, anpasst und erweitert. Er erhält zum einen einen inhaltlichen Refresh und zum anderen wird er an die relevanten Suchanfragen der Nutzer angepasst.

Conversion
Deutsch: Umwandlung
Conversion meint in der Regel, dass ein Besucher einer Webseite, von einem Interessenten mindestens zu einem registrierten Nutzer (z. B.

indem er sich für den Newsletter anmeldet), besser noch direkt zu einem Kunden (indem er einen Online-Kauf abschließt) umgewandelt wird. Darüber hinaus kann jede digitale Aktion als Conversion bezeichnet werden, zum Beispiel auch der Klick auf einen Werbebanner. Entsprechend der individuellen Ziele eines Webseiten-Betreibers kann eine Conversion ganz unterschiedlich definiert werden. Zu unterscheiden sind beispielsweise diese Arten: Download eines Angebotes (Musik, Buch, etc.), Registrierung zu einem Newsletter, Anmeldung in einer Community, Kontaktaufnahme mit dem Seitenbetreiber, Klicken auf eine Werbeanzeige.

Crawling
Auch: Crawlen
Hinter diesem Begriff versteckt sich der Prozess, mit dem sogenannte Web-Crawler oder auch Bots (das sind spezielle Softwares) Milliarden von Webseiten erfassen. Durch das Crawlings entstehen Listen von Websites, die im sogenannten Suchindex gespeichert sind. Der Crawling-Prozess ist notwendig, um die ständig wachsende Anzahl an Webseiten zu katalogisieren. Wenn beispielsweise Google eine Webseite indexiert, fügt die Suchmaschine sie allen Einträgen für Wörter hinzu, die auf dieser Seite vorkommen. Wenn ein Nutzer nach einem dieser Wörter sucht, kann Google dann die Webseite als relevantes Suchergebnis ausspielen.

CTR
Auch: Click-Through-Rate, Deutsch: Klickrate
Sie gibt das Verhältnis an zwischen der Häufigkeit, mit der eine Website als Suchergebnis den Nutzern angezeigt wird (als Impression bezeichnet man, wenn eine Website als Suchergebnis erscheint), und der Häufigkeit, mit der die Nutzer dann auch auf das angezeigte Ergebnis klicken (die sogenannten Klicks). Webseitenbetreiber können anhand der CTR sehen, wie gut ihre eigenen Suchergebnisse (Snippets) bei den Nutzern ankommen. Die CTR ist für jede URL in der Google Search Console ersichtlich. Sie erreichnet sich mit folgender Formel:

$$\textbf{CTR} = (\textbf{Anzahl der Klicks} : \textbf{Anzahl der Impressionen}) * \textbf{100}\ \%$$

Je höher die CTR, desto besser die Performance des Snippets. Sprich: Desto besser kommt das Suchergebnis bei den Nutzern an. In der Search Console lassen sich die täglichen, wöchentlichen, monatlichen oder jährlichen Klickraten betrachten.

Duplicate Content
Duplicate Content besteht, wenn Seite A den gleichen Inhalt besitzt wie Seite B. Dies kann den kompletten Seiteninhalt genauso wie Teile davon betreffen. Von Duplicate Content spricht man sowohl, wenn die beiden Seiten auf einer Domain liegen, als auch, wenn Seite A und Seite B auf zwei (oder mehr) unterschiedlichen Domains liegen. Duplicate Content kann willentlich entstehen, wenn Inhalte absichtlich kopiert werden, oder aber auch durch andere Gründen, wenn bespielsweise ungewollt Kopien bzw. Duplikate von Seiten entstehen. Die Suchmaschinen bewerten Duplicate Content immer als negativ und strafen die betreffenden Seiten mit schlechteren Rankings ab. Sind nur Teile des Inhalts identisch, spricht man auch von Near Duplicate Content. Da die Suchmaschinen hochwertige, einzigartige Inhalte für die Nutzer wollen, sollte man in jedem Fall vermeiden, große Teile des eigenen (oder von fremdem) Content zu kopieren.

Feed
Hierbei handelt es sich um fortlaufenden Content in den Sozialen Medien, durch den die Nutzer scrollen können. Er erscheint untereinander in sich ähnelnden Formaten, als Liste mit Fotos, Texten oder Videos. In den Sozialen Medien gibt es auf der Startseite immer einen Feed. Dort sehen die Nutzer die Inhalte der Profile, denen sie folgen. So sehen sie stets die Updates dieser Profile und können sich über deren Aktivitäten informieren. Die Beiträge in den Feeds werden durch den jeweiligen Algorithmus der Plattform sortiert, so dass die Nutzer schnell die Inhalte finden, die für sie am interessantesten bzw. relevantesten sind.

Google Algorithmus

Der bzw. die Google Algorithmen bilden die Basis für die Rankingsysteme der Suchmaschine. Und auch aller anderen Suchmaschinen, auch bspw. von YouTube. Aufgrund der Menge an Inhalten, die es inzwischen im Web zu finden gibt, geht es nicht ohne eine Vorsortierung. Nur wenn die Suchmaschinen, die Inhalte vorsortieren, ist es möglich das Gesuchte schnell zu finden. Die Rankingsysteme der Suchmaschine/n durchsuchen die Milliarden an Webseiten im (Google) Suchindex, wenn die Nutzer eine Suchanfrage eingeben. Durch die Vorsortierung erscheint das passende Suchergebnis in wenigen Sekunden. Die Algorithmen ziehen eine Vielzahl an Faktoren heran, um Webseiten zu bewerten und zu indexieren, darunter neben der Relevanz, der Nutzer-Standort und ggf. Einstellungen des Nutzers für die Suche. Aus diesem Grund unterscheiden sich auch die Suchergebnisse je Nutzer. Die Gewichtung der Faktoren sind ebenfalls verschieden je nach Art der Suchanfrage.

Google Assistant

Hierbei handelt es sich um den Sprachassistenten von Google. Er kann mit Smartphones und Tablets, die das Android-Betriebssystem nutzen, sowie im Smart Speaker Google Home verwendet werden. Er ist die Antwort von Google auf die Sprachsysteme Siri von Apple und Alexa von Amazon. Per Sprache kann der Nutzer mit Google Assistant Suchanfragen starten. Zudem kann er seine Termine organisieren und Apps starten, ohne ein mobile Device dafür bedienen zu müssen. Mit „Ok, Google“ startet der Nutzer Google Assistant und kann dann weitere Befehle eingeben wie „Spiele Musik ab“ oder „Öffne WhatsApp“.

Google Bot

Dabei handelt es sich um die Webcrawler der Suchmaschine. Ein Programm, das eigenständig Webseiten herunterlädt und jede Sekunde den Inhalt der Milliarden Webseiten im Netz scannt. Er sorgt dafür, dass der Suchmaschine die Webseiteninhalte bekannt sind und diese die Webseiten als für den Nutzer passende Suchergebnisse anzeigen kann. Es gibt zwei unterschiedliche Bots: einen für die Desktop-Versionen von Webseiten und einen für die mobilen. Die Bezeichnung *Webcrawler* erklärt die Funktionsweise des Google Bots besser als sein Name. Sie stammt aus dem Englischen *to crawl,* Deutsch: *kriechen.* Denn der Bot „kriecht" bildlich gesprochen eine Website von oben nach unten ab.

Hashtag
Der Begriff kommt aus dem Englischen und ist eine Wortkombination aus *hash,* Deutsch: *Schlagwort,* und *tag,* der Bezeichnung für das Doppelkreuz #. Aus dieser Kombination ergibt sich die Bedeutung von *Hashtag:* Es handelt sich dabei um ein Stichwort, das durch das Doppelkreuz # vom übrigen Text abgehoben wird. Ein Hashtag kommt in den Sozialen Medien vor. Nutzer verwenden es, um einem Beitrag eine thematische Zuordnung zu geben. Zudem werden die Beiträge durch die Hashtags in die Suche integriert, andere Nutzer können diese so finden, wenn sie nach einem Hashtag suchen.

Heading-Tag
Auch: Head-Tag.
Es wird in HTML verwendet, um die Überschriften einer Seite zu definieren. Als Tag sind <h1> bis <h6> möglich. Die Zahl legt dabei fest, welche Ordnung eine Überschrift in der Seitenstruktur bzw. bzw. in einer HTML-Datei einnimmt. Sie zeichnen außerdem aus, welche Art von Daten der Browser anzeigt. Geschlossen wir das Tag mit </hn> (n = eine Zahl zwischen 1 und 6), bspw. <h1> Das ist eine Hauptüberschrift </h1>. Mit dem H1-Tag wird immer die Hauptüberschrift definiert – es darf dieses Tag nur einmal auf einer Seite geben. Die H2- bis H-6-Tags sind beliebig oft auf einer Seite möglich.

Influencer
Diesen Begriff prägte erstmals 1944 der Sozialwissenschaftler Paul Felix Lazarsfeld. In einer Studie über Kommunikation hat er sich mit der Bedeutung von sogenannten Opinion Leaders (Deutsch: Meinungsführern) beschäftigt. Demnach ist ein Influencer das Gleiche wie ein Meinungsführer: Nämlich eine Person, die von anderen geschätzt wird und dessen Meinung daher Einfluss auf andere besitzt. Werbung und Marketing, insbesondere das Social Media Marketing, machen sich

solche Influencer zunutze, um Produkte in ihrer Zielgruppe zu verbreiten. Die Influencer stellen diese auf ihren Profilen vor, schreiben Produktbewertungen oder erstellen diese als Video. Je größer die Fangemeinde und damit die Reichweite des Influencers, desto interessanter ist er für das Marketing. Der Influencer sollte jedoch unbedingt zum Produkt passen, da die „Bewerbung“ sonst schnell unnatürlich und wenig authentisch wirkt.

Keyword

Es handelt sich hierbei um ein Synonym zum Wort *Suchbegriff* bzw. *Suchanfrage*. Per Definition ist jede Suchanfrage, welche die Nutzer bei einer Suchmaschine eingeben und für die sie von der Suchmaschine eine Liste mit passenden Webseiten erhalten, ein Keyword. In der SEO nutzt man Keywords, um den Seiteninhalte so zu optimieren, dass die Suchmaschinen die Relevanz der Seite für eine Suchanfrage erkennen. Denn die Suchmaschinen suchen nach diesen Schlüsselwörtern im Content. Keywords können sowohl einzelne Wörter als auch Phrasen oder ganze Sätze, vor allem Fragen, sein.

Keyworddichte

Sie gibt an, wie viel Prozent eines Textes bzw. eines Seiteninhaltes ein bestimmtes Wort ausmacht. Man berechnet sie mit der Formel:

$$(\#\textbf{Wort "A"}/\#\textbf{aller WRrter im Dokument}) * \textbf{100}\,\% = \%\textbf{Keyworddichte "A"}$$

Früher optimierte man in der SEO darauf, dass die Keyworddichte zwischen 3 und 4 % des gesamten Textes ausmachte. Denn dann, so sagte man, würden die Suchmaschinen am besten erkennen, ob eine Seite relevant ist für eine Suchanfrage. Daher hat man das Keyword so oft im Text verwendet, dass die Keyworddichte bei 3 bis 4 % lag. Aus heutiger Sicht ist dieses Vorgehen nicht mehr zu empfehlen.

Linkmarketing

Es handelt sich hierbei um einen Teilbereich der SEO. Konkret: die Offpage-Optimierung. Mit Linkmarketing bezeichnet man die Aktivitäten, die dazu dienen, Backlinks für eine Webseite aufzubauen. Daher fällt auch das Seeding unter das Linkmarketing. Beim Seeding werden Backlinks aufgebaut, indem man hochwertigen Content vermarktet und Webseitenbetreiber bittet, auf bspw. eBooks, Whitepaper oder Themenwelten zu verlinken.

Linkspam
Als Linkspam bezeichnet man Anstrengungen, die dazu dienen, auf manipulative Weise in großem Stil Backlinks für eine Webseite zu genieren. Hierfür werden viele Links von anderen Seiten eingekauft. Damit sollen die Keyword-Rankings und die Sichtbarkeit der Seite positiv beeinflusst werden. Google & Co. können inzwischen Linkspam an verschiedenen Kriterien erkennen und strafen diesen ab. Eine Manipulation der Rankings ist von Seiten Google absolut verboten. Das Penguin Update der Suchmaschine war u. a. darauf ausgerichtet, Linkspam zu erkennen und abzustrafen.

Mobile first
Dieser Begriff bezeichnet ein Konzept für das Webdesign bzw. die Konzeption von Webseiten. Er ist im Zuge der steigenden Nutzung mobiler Endgeräte entstanden. Die Suche im Netz verlagert sich zunehmend auf Smartphone und Tablet. Entsprechend sollten Webseiten und deren Design auf deren Displaygröße und eine nutzerfreundliche Darstellung sowie Bedienung mit mobile Devices optimiert sein. Mobile first bezieht sich nun darauf, dass zunächst die für mobile optimierte Version entsteht und dann erweitert wird. Früher hatte man stets eine Webseite vorwiegend für die Darstellung auf stationären Desktops entwickelt. Für die Suchmaschinen ist im Sinne von Mobile first die mobile Optimierung von Webseiten ein entscheidender Ranking-Faktor geworden.

No-Click-Searches
Deutsch: Kein-Klick-Suchanfragen. Oder auch: Zero-Click-Searches, Deutsch: Null-Klick-Suchanfragen.
Mit diesem Begriff bezeichnet man Suchanfragen, bei denen der Nutzer auf keines der Suchergebnisse, die ihm Google oder andere Such-

maschinen in den Suchergebnissen anzeigen, klickt. Denn die Antwort auf solche Suchanfragen erhält der Nutzer direkt im Suchergebnis. Er muss also gar kein Ergebnis mehr auswählen, um die Antwort zu bekommen. Schon länger liefern Google & Co. die Antworten auf bestimmte Suchanfragen direkt im Suchergebnis. Sie zeigen dann die gesuchten Informationen beispielsweise als Featured Snippet oder Rich Snippet sowie im Knowledge Graph oder im Local Pack an. Die Inhalte ziehen sich die Suchmaschinen aus den Suchergebnissen. Dies erhöht den Komfort für die Nutzer beim Suchen verringert aber den Traffic für Webseiten. Typische No-Click-Searches sind Wetter und Uhrzeit, oder die deutsche Bedeutung von englischen Wörtern sowie Definitionen.

Organische Suchergebnisse
Die organischen Ergebnisse stehen den bezahlten Suchergebnissen, den Ads, gegenüber. Denn es handelt sich bei ihnen um den Teil, der nicht erkauft werden kann. In die Top-10 bzw. die Top-100, die diese organischen Suchergebnisse umfassen, kommen Webseiten nur über die Ranking-Faktoren der Suchmaschinen. Nur wenn diese als relevant bewertet werden, haben sie eine Chance einen Platz in den begehrten Top-10 zu bekommen. Relevant bedeutet aus Sicht der Suchmaschinen: Die Webseiten bedienen am wahrscheinlichsten bestmöglich die Suchanfragen der Nutzer.

Panda Update
Es gehört zu den zahlreichen Google Updates der vergangenen 10 Jahre. Die Suchmaschine ändert immer wieder ihren Algorithmus, um die Suche für die Nutzer zu verbessern. Diese Änderungen werden als Update bezeichnet und eine zeitlang wurden diese durch Tiernamen ergänzt, um sie zu unterscheiden. Das Panda Update wurde erstmals im Februar 2011 ausgerollt. Nach eigenen Angaben von Google, richtet es sich vor allem auf die Content-Qualität von Webseiten. Lesbarkeit und Hochwertigkeit eines Textes sind dabei entscheidend. Neben der Content-Qualität ist für das Panda Update außerdem relevant, wie viele Ads eine Webseite hat, ob sie wenig Content oder schlechte Backlinks aufweist. Dies alles wird negativ bewertet. Zudem achtet Google seit

dem ersten Panda Update auf die Nutzersignale wie CTR, Verweildauer und Absprungrate.

Penguin Update

Das Penguin Update gehört ebenfalls zu den zahlreichen Google Updates der vergangenen 10 Jahre. Unter dem Begriff fasst man eine ganze Reihe von Algorithmus-Änderungen und Data Refreshs zusammen. Das erste dieser Art hat Google 2012 ausgerollt, um gegen die Manipulation von Suchergebnissen vorzugehen. Der „Pinguin" prüft Webseiten auf unnatürliche Seitenoptimierung. Damit sind generell alle Maßnahmen bei der Suchmaschinenoptimierung gemeint, die nicht den von Google definierten Webmaster Richtlinien entsprechen und dazu eingesetzt werden, Keyword-Rankings zu manipulieren. Der Fokus des Penguin Updates liegt auf dem Linkspam (siehe oben) und dem sogenannten Keyword-Stuffing. Damit ist eine Überoptimierung auf ein Keyword gemeint. Diese hat das Ziel, dass eine Seite besonders relevant für die Suchmaschinen erscheinen soll. Häufig geht die Keyword-Optimierung mit minderwertigem Content einher. Um die Keyworddichte (siehe oben) künstlich zu erhöhen, wurden auch Techniken wie weiße Schrift auf weißem Hintergrund oder Text hinter Bildern eingesetzt. Solche Manipulationen sind seit dem Penguin Update nicht mehr möglich.

Ranking

Auch: Google-Ranking, Suchmaschinen-Ranking, Suchmaschinen-Platzierung, Google-Positionen, Google Platzierung

Unter diesem Begriff versteht man die Reihenfolge der Suchergebnisse bei Google & Co. Alle für eine Suchanfrage relevanten Webseiten werden gemäß den Ranking-Faktoren bewertet und erhalten dann eine entsprechende Platzierung in den Suchergebnissen. Die Ranking-Faktoren von Google sind nicht bekannt, Hinweise erhält man jedoch durch die von der Suchmaschine definierten Webmaster Richtlinien. Welche Rankings eine Webseite erzielt, kann man mithilfe von SEO Tools ermitteln oder man nutzt das kostenlose Tool von Google, die Search Console. Um das Google-Ranking für eine Website zu verbessern, kann man diese unter Berücksichtigung der Ranking-Faktoren für die Suchmaschinen optimieren (siehe unten: Suchmaschinenoptimierung).

Sichtbarkeit

Auch: SEO Visibility, SEO Sichtbarkeit, Sichtbarkeit im Internet.
Die Sichtbarkeit einer Webseite definiert sich aus den relevanten Keyword-Rankings. Umso mehr Keyword-Rankings eine Webseite hat und umso höher die Positionen sind, auf denen sie für diese Keywords rankt, umso höher ist ihre Sichtbarkeit. Diese kann sich auf Domain-Ebene beziehen und bildet die Keyword-Rankings von allen indexierten URLs einer Domain ab. Aber genauso auf URL-Ebene, wo dann nur die Keyword-Rankings dieser URL betrachtet werden. Sie wird in Form des Sichtbarkeitsindex als Bewertungsmetrik herangezogen. Durch diesen lassen sich Aussagen darüber treffen, wie sichtbar eine Webseite für die Nutzer im Internet ist. Oder anders ausgedrückt: Mit welcher Häufigkeit die Nutzer im Internet diese Webseite in den Suchergebnissen sehen können und über wie viele und welche Suchanfragen die Nutzer mit ihr in Kontakt kommen. Sichtbar zu sein ist gleichbedeutend mit: In den Suchergebnissen der Suchmaschinen gelistet zu sein. Der Sichtbarkeitsindex ist im Übrigen keine Kennzahl von Google, sondern wird von verschiedenen SEO-Tool Anbieter geprägt. So gibt es den Sistrix Sichtbarkeitsindex oder den Xovi Online Value Index. Im Online-Marketing ist diese Kennzahl inzwischen sehr etabliert und gehört zu den wichtigsten Bewertungsmetriken in der SEO.

Social Selling

Hierbei handelt es sich um eine Unternehmensstrategie mit dem Ziel, über ein geschäftliches Social Media-Profil hochwertige Interessenten für die eigenen Dienstleistungen bzw. Produkte zu gewinnen. Es sollen zudem relevante Informationen und Kontakte für die Sales-Pipeline gesammelt werden. Insbesondere die Informationen sind wertvoll: Vertriebsmitarbeitern können diese gezielt für die Kontaktaufnahme und in ersten Gesprächen verwenden. Die Kommunikation ist dadurch nicht völlig „kalt“, sondern wirkt aufgrund wertvoller Informationen über die Person sympathisch und man kann über Gemeinsamkeiten Interesse wecken. Während die klassische Kaltakquise gerade einmal eine Erfolgsrate von 3 % erreicht, ist Social Selling effektiver. Über eine längere Kommunikation, die in den Sozialen Netzwerken beim Social Selling stattfindet, baut sich nicht nur Vertrauen auf. Vertriebsmitarbeiter können so außerdem den tatsächlichen Bedarf eines Interessenten einschätzen. Umgekehrt können Interessenten unverbindlich und durch einen persönlichen Austausch herausfinden, ob Produkte und Dienstleistungen zu ihren Bedürfnissen passen. Das erleichtert den Kaufentscheidungsprozess für beide Seiten. Über den Content, der über das Social Media-Profil verbreitet wird, kann die Unternehmens-Expertise transparent dargestellt und die Vertrauensbildung unterstützt werden.

Suchmaschinenoptimierung

Auch: SEO, Search Engine Optimization.

Darunter zusammengefasst sind alle Maßnahmen, welche die Platzierung einer Website in den organischen Suchergebnissen (siehe oben) verbessern sollen. Neben einer idealen Positionierung in den Top-10 fokussiert sie die Steigerung des Traffics auf die Webseite. Um eine bestmögliche Platzierung zu erreichen, sollte man Webseiten dahingehend optimieren, dass sie für die Suchmaschinen gut lesbar sind. SEO teilt sich auf in die OffPage-Optimierung, die auch bekannt ist als Linkbuilding (siehe oben: Linkmarketing), sowie die OnPage-Optimierung, die alle Maßnahmen umfasst, die onsite gerichtet sind und direkt auf der Webseite passieren. Hierzu gehören:

- Hochwertige Inhalte zu erstellen, die ausgerichtet sind auf relevante Keywords (siehe oben: Keywords).
- Title-Tag und Meta-Description in Bezug auf die Klickrate zu optimieren.
- Interne Verlinkungen verbessern.
- U. v. m.

Textwüste

Eine Textwüste besteht nur aus Fließtext, den man an einem Stück heruntergeschrieben hat. Er enthält keine Absätze bzw. Abschnitte, keine Zwischenüberschriften oder andere Leseeinstiegshilfen. Eine Textwüste lässt sich überhaupt nicht gut lesen und ist vor allem online sehr ermüdend für die Augen.

Thin Content

Deutsch: Dünner Inhalt

Dieser Begriff ergibt sich aus den Content-Anforderungen der Google Webmaster Richtlinien. Demnach sollen Seiteninhalte dem Besucher Mehrwert bieten. Tun sie das nicht und enthalten sie keine relevanten Informationen für die Nutzer, klassifiziert die Suchmaschine diese als Thin Content. Das Google Panda Update (siehe oben) prüft Webseiten auf deren inhaltliche Qualität und ist u. a. vor allem auf Thin Content ausgerichtet. Seiten, deren Inhalte zu dünn sind, werden in den Rankings herabgestuft. Wie bereits mehrfach in diesem Buch erwähnt, möchte die Suchmaschine das beste Ergebnis für die Nutzer. Eine Webseite, die aus Thin Content besteht, würden die Nutzer irgendwann automatisch nicht mehr besuchen. Daher ist es nur logisch, dass auch Google Inhalte ohne Mehrwert weniger gut rankt. Im Gegenzug belohnt die Suchmaschine Seitenbetreiber, die sich Mühe bei der Erstellung des Contents geben. Über die Google Search Console informiert sie den Seitenbetreiber darüber, wenn Inhalte ohne Mehrwert auf seiner Webseite vorhanden sind. So kann er diese beseitigen. Unter Thin Content fasst man zusammen:

- Automatisch generierte Inhalte
- Dünne Affiliate-Seiten, die nur den Content des Affiliate-Programms enthalten
- Duplicate Content (siehe oben); also kopierte oder 1:1-Übersetzungen
- Doorway Pages, die den Nutzer nur von einer Seite zu einer anderen leiten

- Inhalte ohne Mehrwert oder mit wenig Relevanz für den Nutzer, darunter fallen auch Seiten, die fast nur Bilder, aber keinen Text enthalten.

Traffic
Auch: Web-Traffic, Internet-Traffic.
Deutsch: Nutzerzugriffe.
Dies ist der Fachbegriff, der die Anzahl und Häufigkeit der Besuche der Nutzer auf eine Webseite bezeichnet. Beim Traffic unterscheidet man nach dem Kanal, über den die Besucher kommen. Daher gibt es Paid Traffic, der über bezahlte Anzeigen kommt, und Organischen Traffic, der unter anderem über die organischen Suchergebnisse (siehe oben) kommt. Zu diesem zählt man aber auch Traffic über Backlinks (Referral Traffic) oder Social Media (Social Traffic). Der Organische Traffic ist eine wichtige Metrik im Bereich der Suchmaschinenoptimierung (siehe oben). Denn es handelt sich hierbei um ein Ranking-Kriterium bei den Suchmaschinen. Webseiten, die nicht besucht werden, also wenig oder keine Nutzerzugriffe erhalten, sind in den Augen von Google & Co. nicht relevant. Für Webseitenbetreiber hingegen gibt der Organische Traffic Aufschluss über das Interesse der Nutzer an den Inhalten einer Seite. Betrachtet wird der Traffic immer über einen bestimmten Zeitraum. So sind Vergleiche möglich, z. B. zum Vorjahres- oder Vormonatszeitraum.

Traffic-Potential
Das Traffic-Potential bezieht sich auf die Anzahl an möglichen Webseiten-Besuchern. Es ergibt sich aus dem Suchvolumen eines Keywords und wird immer relativ betrachtet. So hat ein Keyword mit einem durchschnittlichen monatlichen Suchvolumen von 1000 grunsätzlich ein 10-fach höheres Potential als eines mit einem durchschnittlichen monatlichen Suchvolumen von 100. Von den 1000 Nutzern, die nach dem Keyword suchen, klicken allerdings nicht alle auf das erste Suchergebnis. Ein Teil wird eine Anzeige auswählen, von den organischen Klicks entfallen etwa 60 % auf die Position 1. Der Rest verteilt sich absteigend auf die anderen Top-10 (Brien, Jörn. (2015). *SEO: So oft*

klicken Nutzer auf die ersten Positionen der Suchergebnisse. https://t3n.de/news/seo-nutzer-suchergebnisse-650974/. Zugegriffen: 27. Januar 2021). Informationen zu der Höhe des organischen Suchvolumens gibt beispielsweise das Tool ahrefs. Das Traffic-Potential hilft dabei, zu entscheiden, welche Suchbegriffe man mit passenden Webseiteninhalten bedienen möchte.

Usability
Deutsch: Nutzerfreundlichkeit.
Sie bezieht sich bei Webseiten darauf, wie gut sich die Nutzer zurechtfinden, wie effizient sie dort navigieren und wie zufriedenstellend sie ihre Ziele erreichen können (z. B. etwas kaufen oder Informationen gewinnen). Die Nutzer nehmen die Usability in der Regel nur dann explizit wahr, wenn sie schlecht ist. Sie steht in engem Zusammenhang mit der User-Experience.

User-Experience/UX
Deutsch: Nutzer-Erfahrung.
Sie steht in engem Zusammenhang mit der Usability. Denn sie erweitert die Nutzerfreundlichkeit, die sich eher auf praktische und funktionale Aspekte bezieht, um die Faktoren Emotion und Ästhetik. Hierzu zählen eine ansprechende Gestaltung, vertrauensbildende Aspekte sowie Freude und Spaß bei der Nutzung. Webseiten, die UX und Usability miteinander verbinden, verfolgen einen ganzheitlichen Ansatz. Dieser ist darauf ausgerichtet ist, dass die Nutzer nicht nur schnell und barrierefrei an ihr Ziel kommen, sondern dabei auch noch Spaß haben.

WDF*IDF-Keywords
Abkürzung für: Within document frequency*Inverse document frequency.
Es handelt sich hierbei um eine komplexe Formel, mit der man Texte bewerten kann. Sie selbst entstammt nicht der SEO, wird aber für sie verwendet, um die Relevanz von Webseiten zu optimieren. Durch den Bestandteil WDF bestimmt man die Relevanz des Textes. Mit dem

Bestandteil IDF ermittelt man die Gewichtung eines Wortes im Text im Vergleich zu dessen Gewichtung in anderen Texten mit ähnlichem Inhalt. Die Gewichtung bezieht sich dabei darauf, wie häufig ein Wort in einem Text vorkommt. Der Nutzen von SEO besteht nun darin, dass man mit der Formel WDF*IDF zum einen die Relevanz einer Webseite für eine Suchanfrage ermitteln kann und zum anderen Wörter, die der eigene Content im Vergleich zu anderen Webseiten nicht enthält. Diese können ihm aber mehr Relevanz für die Suchanfrage geben und heißen daher relvanzsteigernde Keywords oder WDF*IDF Keywords. WDF*IDF-Tools vergleichen hierzu den Content einer Webseite mit dem Content der Webseiten, die für eine Suchanfrage bereits gut ranken. Das Ergebnis ist eine Liste mit Wörtern, welche diese Seiten enthalten, die Vergleichsseite jedoch nicht. Diese Wörter erhöhen jedoch die Relevanz des Contents und sollten daher bei der Text-Erstellung oder -Optimierung berücksichtigt werden.

Web Vitals

Es gibt drei Web Vitals-Kennzahlen, LCP (Largest Contentful Paint), FID (First Input Delay), CLS (Cumulative Layout Shift). Mit ihnen möchte Google ein einheitliches System schaffen, um die Nutzerfahrung (User-Experience, siehe oben) bewerten zu können.

- LCP: Diese Web Vitals-Kennzahl misst, wie lange es dauert, bis das größte Element im sichtbaren Bereich auf einer Webseite gerendert ist.
- FID: Bei dieser Kennzahl steht die Zeit im Fokus zwischen der ersten Aktivität eines Nutzers und der Reaktion des Browsers. Beispielsweise misst FID, wie lange es dauert, bis die Aktion ausgeführt wird, wenn der Nutzer auf einen Button klickt.
- CLS: Hierbei geht es um die Bewertung der visuellen Stabilität einer Website. CLS misst, wie häufig sich Seitenelemente verschieben. Beispiele hierfür sind Seitenelemente, die asynchron geladen werden und das Layout eines Textes plötzlich verändern. Oder auch Buttons, für die auf einmal ein anderer erscheint, wenn der Nutzer darauf klickt. Google berechnet den CLS, indem die Impact-Fraction

(der prozentuale Anteil des Viewports, der durch die Veränderung betroffen ist) multipliziert wird mit der Distance-Fraction (Größte Distanz, um die sich ein Element bewegt).

Bewertung	LCP	FID	CLS
Gut	Renderzeit <2,5 s	Wert <100 ms	Wert <0,1
Optimierungs-bedürftig	Renderzeit 2,5 bis 4 s	Wert 100 bis 300 ms	Wert 0,1 bis 0,25
Schlecht	Renderzeit >4 s	Wert >300 ms	Wert >0,25

Weiterführende Quellen zu Fachbegriffen

Advidera. (o. J.a). *Linkspam.* https://www.advidera.com/glossar/linkspam/. Zugegriffen: 3. Jan. 2021.

Dein Handy Magazin. (o. J.a). *Google Assistant – Was ist das und was kann er.* https://blog.deinhandy.de/handy-lexikon/google-assistant. Zugegriffen: 2. Jan. 2021.

Eichfelder, M. (2020). *Was ist ein Hashtag (#)? Bedeutung und Anwendung einfach erklärt.* https://praxistipps.chip.de/was-ist-ein-hashtag-bedeutung-und-anwendung-einfach-erklaert_41739. Zugegriffen: 3. Jan. 2021.

eology. (o. J.a). *eo: wiki: Duplicate Content.* https://www.eology.de/wiki/duplicate-content. Zugegriffen: 1. Jan. 2021.

eology. (o. J.b). *eo: wiki: Googlebo*t. https://www.eology.de/wiki/googlebot. Zugegriffen: 3. Jan. 2021.

eology. (o. J.c). *eo: wiki: Panda Update.* https://www.eology.de/wiki/panda-update. Zugegriffen: 3. Jan. 2021.

eology. (o. J.d). *eo: wiki: Traffic.* https://www.eology.de/wiki/traffic. Zugegriffen: 3. Jan. 2021.

eology. (o. J.e). *eo: wiki: WDF*IDF.* https://www.eology.de/wiki/wdfidf. Zugegriffen: 3. Jan. 2021.

Google. (o. J.a). *Funktionsweise der Suchalgorithmen.* https://www.google.com/intl/de/search/howsearchworks/algorithms/. Zugegriffen: 1. Jan. 2021.

Google. (o. J.b). *Verarbeitung von Informationen in der Google-Suche.* https://www.google.com/intl/de/search/howsearchworks/crawling-indexing/. Zugegriffen: 30. Dez. 2020.

Google. (o. J.c). *Was ist ein Feed.* https://support.google.com/adsense/answer/9189559?hl=de. Zugegriffen: 1. Jan. 2021.

Harsel, L. (o. J.a). *Was ist Keyword.* https://de.semrush.com/blog/was-sind-keywords/. Zugegriffen: 3. Jan. 2021.

Klenk, M. (2020). *Google Ranking – Was bedeutet Google Ranking.* https://www.matthiasklenk.de/seo-glossar/google-ranking/. Zugegriffen: 3. Jan. 2021.

Mundt, E. (2019). *Was ist Social Selling? Definition, Strategie und Beispiel im B2B Marketing.* https://www.marconomy.de/was-ist-social-selling-definition-strategie-und-beispiel-im-b2b-marketing-a-820096/. Zugegriffen: 3. Jan. 2021.

Klenk, M. (2020). *SEO Sichtbarkeit – Was versteht man unter Sichtbarkeit.* https://www.matthiasklenk.de/seo-glossar/sichtbarkeit/. Zugegriffen: 3. Jan. 2021.

Onlinemarketing.de. (o. J.a). *Lexikon: Conversion & Conversion Rate.* https://onlinemarketing.de/lexikon/definition-conversion-conversionrate. Zugegriffen: 30. Dez. 2020.

Onlinemarketing.de. (o. J.b). *Lexikon: Suchmaschinenoptimierung / SEO.* https://onlinemarketing.de/lexikon/definition-suchmaschinenoptimierung-seo. Zugegriffen: 3. Jan. 2021.

Pönisch, F. (2020). *Was ist ein Influencer? Was verdienen die Social-Media-Stars.* https://praxistipps.chip.de/was-ist-ein-influencer-was-verdienen-die-social-media-stars_96359. Zugegriffen: 3. Jan. 2021.

Rixecker, K. (2020). *Web Vitals: Googles Kennzahlen zur Bewertung der User-Experience erklärt.* https://t3n.de/news/web-vitals-googles-kennzahlen-1276677/. Zugegriffen: 3. Jan. 2021.

Ryte. (o. J.a). *Ryte Wiki: ALT-Attribute.* https://de.ryte.com/wiki/ALT_Attribute. Zugegriffen: 30. Dez. 2020.

Ryte. (o.J.a.). *Ryte Wiki: Backlink.* https://de.ryte.com/wiki/Backlink. Zugegriffen: 30. Dezember 2020.

Ryte. (o. J.b). *Ryte Wiki: Bilder SEO.* https://de.ryte.com/wiki/Bilder_SEO. Zugegriffen: 30. Dez. 2020.

Ryte. (o. J.c). *Ryte Wiki: Heading Tag.* https://de.ryte.com/wiki/Heading_Tag. Zugegriffen: 3. Jan. 2021.

Ryte. (o. J.d). *Ryte wiki: Mobile first.* https://de.ryte.com/wiki/Mobile_First. Zugegriffen: 3. Jan. 2021.

Ryte. (o. J.e). *Ryte wiki: Thin content.* https://de.ryte.com/wiki/Thin_Content. Zugegriffen: 3. Jan. 2021.

Ryte. (o. J.f). *Ryte wiki: Penguin update.* https://de.ryte.com/wiki/Penguin_Update. Zugegriffen: 3. Jan. 2021.

Ryte. (o. J.g). *Ryte wiki: Zero click searches.* https://de.ryte.com/wiki/Zero_Click_Searches. Zugegriffen: 3. Jan. 2021.

seo-united.de. (o. J.a). *Glossar: Linkmarketing.* https://www.seo-united.de/glossar/link-marketing/. Zugegriffen: 3. Jan. 2021.

Sistrix. (2021a). *Was ist die CTR – Click-Through-Rate.* https://www.sistrix.de/frag-sistrix/ctr-click-through-rate/. Zugegriffen: 30. Dez. 2020.

Sistrix. (2021b). *Was ist die Keyworddichte.* https://www.sistrix.de/frag-sistrix/keyworddichte/. Zugegriffen: 30. Dez. 2020.

Sistrix. (2021c). *Was ist die Organische Suche.* https://www.sistrix.de/frag-sistrix/organische-suche/. Zugegriffen: 30. Dez. 2020.

Wortbedeutung.info. (o. J.a). *Textwüste.* https://www.wortbedeutung.info/Textw%C3%BCste/. Zugegriffen: 3. Jan. 2021.

Schlusswort

Ich hoffe sehr, dass ich Ihnen mit diesem Quick Guide einen Einblick in die erfolgreiche Online-Texterstellung geben konnte. Sie ist eine spannende Welt, die sich immer wieder dreht und wandelt. Was heute gilt, kann morgen schon veraltet sein. Denn die Suchmaschinen und Sozialen Netzwerken passen sich immer wieder den Bedürfnissen ihrer Nutzer an. Wenn sich das digitale Nutzerverhalten ändert, ändern sich auch die Kanäle, auf denen Sie Ihren Content veröffentlichen. Wenn Sie im World Wide Web langfristig erfolgreich Ihre Inhalte verbreiten wollen, müssen Sie stets mit der Zeit gehen – denn sonst gehen Sie mit der Zeit. Viele selbst große und in der Offline-Welt etablierte Marken haben dies verpasst und kämpfen nun in einem zunehmend kompetitiver werdenden Markt um einen der vorderen Plätze. Dabei ist immer noch genug Platz verfügbar – Sie müssen Ihren Platz nur für sich identifizieren und dann für sich nutzbar machen. Eine durchdachte und gut vorbereitete Content Strategie kann Sie genau dorthin bringen. Bedenken sollten Sie außerdem: Ihr Platz ist nicht immer der mit der größten Zielgruppe. Oft sind Unternehmen in Nischen erfolgreicher. Manche Themen funktionieren besser in den Sozialen Netzwerken, andere in den Suchmaschinen. Lassen Sie sich daher nie entmutigen,

B. Eiring, *Guten Content schreiben*, https://doi.org/10.1007/978-3-658-33657-8

sondern lernen Sie nach den Spielregeln zu spielen und vor allem diese für sich zu nutzen.

Ihre

Dr. Beatrice Eiring

Übersicht empfehlenswerter Tools für die Content-Erstellung

Im Buch erwähnte, empfehlenswerte Tools für die Content-Erstellung, ohne Anspruch auf Vollständigkeit.

SEO-Tools

- Ahrefs: https://ahrefs.com/de/
- Google Analytics: https://analytics.google.com/analytics/web/
- Google Search Console/Google Webmaster Tools: https://search.google.com/search-console/about
- Ryte Suite: https://de.ryte.com/
- Searchmetrics: https://www.searchmetrics.com/
- SISTRIX Toolbox: https://www.sistrix.de/

Keyword-Tools

- AlsoAsked: https://alsoasked.com/
- AnswerThePublic: https://answerthepublic.com/
- Google Ads Keyword Planner: https://ads.google.com/intl/de_de/home/tools/keyword-planner/
- Keyword Tool: https://keywordtool.io/
- KEYWORDTOOLS.org: https://www.keyword-tools.org/
- TermLabs: https://termlabs.io/
- Ubersuggest: https://neilpatel.com/de/ubersuggest/
- WFRAGENTOOL.com: https://www.w-fragen-tool.com/

Snippet-Testing-Tools

- Ryte Google Snippet Optimizer: https://de.ryte.com/free-tools/snippet-optimizer/
- Claneo Snippet Optimizer: https://www.claneo.com/de/snippet-optimizer/
- SISTRIX SERP Snippet Generator: https://app.sistrix.com/de/serp-snippet-generator
- Google Testtool für strukturierte Daten/Rich Snippet Testing Tool: https://search.google.com/structured-data/testing-tool?hl=de

Social-Media-Tools

- Facebook Business Suite: https://business.facebook.com/
- – Facebook Werbeanzeigenmanager: https://de-de.facebook.com/business/tools/ads-manager
- – LinkedIn Marketing Solutions/LinkedIn Analytics: https://business.linkedin.com/de-de/marketing-solutions/reporting-analytics

Printed by Printforce, the Netherlands